S

DES BÉTONS AGGLOMÉRÉS

APPLIQUÉS A L'ART DE CONSTRUIRE.

❧

MÉMOIRE

ADRESSÉ

A LA COMMISSION DES ARTS INSALUBRES

DE L'ACADÉMIE DES SCIENCES

POUR CONCOURIR AU PRIX MONTYON.

PAR

FRANÇOIS **COIGNET**.

❧

DES BÉTONS AGGLOMÉRÉS

APPLIQUÉS A L'ART DE CONSTRUIRE.

———oo⁚⋇⁚oo———

MÉMOIRE

ADRESSÉ

A LA COMMISSION DES ARTS INSALUBRES

DE L'ACADÉMIE DES SCIENCES

POUR CONCOURIR AU PRIX MONTYON.

PAR

François COIGNET.

———oo⁚⋇⁚oo———

DES BÉTONS AGGLOMÉRÉS

APPLIQUÉS A L'ART DE CONSTRUIRE.

———∘∘⦂⊙⦂∘∘———

MÉMOIRE

ADRESSÉ

A LA COMMISSION DES ARTS INSALUBRES

DE L'ACADÉMIE DES SCIENCES

POUR CONCOURIR AU PRIX MONTYON.

PAR

FRANÇOIS COIGNET.

———∘∘⦂⊙⦂∘∘———

MONSIEUR LE PRÉSIDENT,

Par le présent mémoire nous venons appeler l'attention de l'Académie des sciences sur la théorie qui nous a guidé, et les procédés que nous avons mis en pratique et au moyen desquels nous sommes parvenu à obtenir, sous le nom de bétons agglomérés, par un simple mélange de sables et de chaux quelconques, une pâte de pierre susceptible d'être moulée et de recevoir par le moulage toutes les formes exigées par l'art, tout en ayant la propriété d'acquérir, en quelques jours à peine, la dureté et la résistance des meilleures pierres naturelles, et de résister d'une manière aussi complète, sinon beaucoup plus qu'elles, à toutes les causes de destruction, à la sécheresse, aux gelées, aux pluies, à l'action dissolvante de l'eau de mer, aux courants d'eau, aux chocs et aux frottements.

Résultats précieux, hors de toute comparaison avec ceux qui proviennent de l'emploi des procédés ordinaires, et d'autant plus importants, qu'au moyen de cette pâte de pierre moulée, on peut obtenir en un seul bloc, à l'état monolithique, une construction quelconque, quelles qu'en soient la masse, l'étendue, la forme et la destination; avantage immense pour l'art de construire, et surtout pour les travaux d'hydraulique, qui, jusqu'à ce moment, ne peuvent être construits qu'au moyen de l'emploi de menus matériaux, pierres ou briques, dont les joints, toujours trop nombreux, se fendent, se dissolvent par les pluies, se désagrègent par les gelées, donnant ainsi passage aux tassements, aux infiltrations, au grand détriment de leur solidité et de leur durée;

Tandis que, par l'emploi des bétons agglomérés, préparés et mis en œuvre d'après les procédés sur lesquels nous osons appeler l'attention de l'Académie des sciences, les masses monolithiques, sans aucuns joints, que nous obtenons, parfaitement imperméables par elles-mêmes et insensibles aux gelées et à toutes les autres causes de destruction, ne donneraient jamais lieu ni à des tassements ni à des infiltrations, présentant ainsi des conditions de durée et de solidité inconnues par l'emploi des moyens ordinaires de construction.

Sans doute, après les travaux si justement célèbres de M. Vicat sur les causes de l'hydraulicité des chaux et des ciments, il peut paraître présomptueux d'appeler votre attention sur la préparation et l'emploi des bétons, tant ce sujet semblait épuisé.

Toutefois, si l'on considère que, malgré les lumières et la certitude apportées par M. Vicat, les résultats obtenus par l'emploi des chaux et ciments sont encore tellement pleins d'irrégularité et d'incertitude que chaque jour les hommes de l'art les plus habiles rencontrent dans leurs travaux à la mer, ou même sur terre, de désastreuses déceptions, il demeure évident que la question n'a point été complétement élucidée, et que la découverte des lois de l'hydraulicité, tout en éclairant d'une vive lumière le champ de l'art de bâtir, a laissé dans l'ombre une cause d'obscurité et d'incertitude qui appelle encore l'attention de la science.

M. Vicat, par l'examen, l'analyse et la synthèse, puisqu'il a constitué directement de la chaux hydraulique en introduisant une certaine quantité d'argile dans de la chaux absolument grasse, a reconnu que la propriété qu'a la chaux de prendre sous l'eau dépend de la présence d'un silicate double de chaux et d'alumine que l'on produit ou obtient en soumettant la chaux qui en contient les éléments à une haute température.

Du moment que cette loi a été découverte, l'empirisme a disparu : par une simple analyse de laboratoire, on a pu reconnaître quelles étaient les chaux qui contenaient le plus de silicate double d'alumine et de chaux, et par conséquent qui avaient le plus d'hydraulicité ; bien plus, quand on se trouvait dans des contrées où la nature n'offre que des chaux grasses, on a pu, en y introduisant de l'argile avant la cuisson, préparer de toutes pièces d'excellente chaux hydraulique.

Si la dose d'argile introduite est plus considérable, si le mélange préalable de cette argile et de la chaux est bien intime, si la cuisson est portée à une assez haute température pour obtenir la plus grande quantité possible de silicate double de chaux et d'alumine, on obtient du ciment.

C'est sur ces principes qu'est basée la fabrication des chaux hydrauliques factices des Moulineaux et de Bougival, et des ciments si justement renommés de Portland.

Si, pour obtenir de bons bétons, il eût suffi de savoir reconnaître de bonne chaux, ou au besoin de savoir en fabriquer, nul doute que la théorie de M. Vicat n'eût complétement élucidé la question et n'eût rendu inutile le travail que nous osons vous présenter.

Mais, lorsqu'on emploie des bétons et lorsqu'on veut obtenir le maximum de solidité et de résistance qu'ils peuvent atteindre, il y a d'autres conditions que celles de l'hydraulicité qu'il faut observer et réaliser; car, si on ne les applique pas, c'est en vain que les hommes de l'art dépenseront toute leur intelligence, tous leurs soins, tout leur savoir; c'est en vain qu'ils emploieront la meilleure chaux et les meilleurs ciments; c'est en vain qu'ils introduiront dans les bétons des matières pouzzolaniques dans le but d'y ajouter une plus grande quantité de silicates doubles de chaux et d'alumine qui constituent les pouzzolanes : s'ils ne se soumettent pas aux autres lois qu'exige la prise des chaux et des ciments, ils n'obtiendront que des bétons de mauvaise qualité, à prise lente et sans énergie, légers, friables, spongieux, absorbants, gélifs; bétons incapables, exposés à l'air, de résister aux intempéries et qui, dans ce cas, avec le temps, se gerceront, se fendront et se désagrége-ront.

Le présent mémoire a pour but d'établir que la dureté, la résistance finale des bétons ne dépendent pas seulement de la bonté, de l'hydraulicité des chaux et ciments et des autres causes de durcissement qui agissent sur les bétons ordinaires, telles que la dessiccation, la carbonatisation de la chaux, c'est-à-dire la transformation qui se fait, à la longue, de la chaux vive en sous-carbonate de chaux au contact de l'acide carbonique de l'air, et qu'elles proviennent bien moins encore de certaines combinaisons chimiques qui se produiraient avec le temps entre les matériaux mêmes qui constituent ces bétons, pour former notamment des silicates doubles de chaux et d'alumine par voie humide, car il ne se produit aucune combinaison de ce genre, et ce qui le prouve, c'est que, lorsqu'on soumet à l'analyse des bétons dont on connaissait les éléments, même après les avoir conservés sous l'eau pendant de longues années, on n'y retrouve juste que la quantité de silicate double de chaux et d'alumine que contenaient les chaux hydrauliques et les ciments que l'on avait employés ; et si l'on n'a employé que de la chaux absolument grasse, on n'y retrouve aucune trace de silicate double ; mais que cette bonté, cette résistance finale des bétons peuvent avoir d'autres causes importantes et énergiques qui, jusqu'à présent, ont échappé à l'observation et sur lesquelles nous venons appeler l'attention de l'Académie des sciences.

Avant de procéder à l'examen de ces causes nouvelles de durcissement des bétons, causes dont nous avons pu constater l'existence et l'influence décisive par les expériences multipliées auxquelles nous nous sommes livré, et par notre longue pratique, nous devons préalablement jeter un coup d'œil sur les causes actuellement connues de la dureté finale des bétons et des mortiers.

La prise intégrale des bétons ordinaires, en supposant les meilleures conditions possibles, se compose de quatre phénomènes successifs n'ayant pour origine aucune combinaison chimique postérieure des matériaux des bétons entre eux.

Ces phénomènes successifs sont :

1° La cristallisation propre des chaux et des ciments, ou, si l'on aime mieux, l'arrangement moléculaire en vertu duquel la chaux hydraulique et les ciments durcissent même sous l'eau, durcissement presque instantané avec certains ciments ; ce durcissement, cette cristallisation étant d'autant plus intense, toutes circonstances gardées, que les chaux et ciments contiennent plus de silicates doubles de chaux et d'alumine à l'état de combinaison obtenue par le feu.

Cette prise initiale, tout à fait dépendante de la qualité des chaux et des ciments, est un simple effet physique d'arrangement moléculaire, de cristallisation.

Si cette cristallisation des chaux et des ciments était la seule cause du durcissement des bétons, il est clair qu'au lieu de durcir comme ils font pendant des années et même des siècles, les bétons arriveraient à leur maximum de dureté au bout de quelques jours ou de quelques semaines, ce qui n'est pas.

2° La dessiccation des bétons, lorsqu'il s'agit de bétons qui ne sont pas constamment sous l'eau.

Il se produit sur les bétons le même effet que sur la plupart des corps, de l'argile, par exemple, qui, par la dessiccation, devient très-compacte et très-dure; par la même cause, les bétons, s'ils sont bien préparés, sont beaucoup plus durs, beaucoup plus résistants quand ils sont secs que quand ils sont humides.

3° La carbonatisation.

Sous le nom de carbonatisation, nous comprenons la transformation lente de la chaux vive contenue dans les bétons en carbonate de chaux, par le fait de l'absorption de l'acide carbonique de l'air, lorsque les bétons se trouvent exposés à la pluie, toujours saturée d'acide carbonique, ou même simplement à l'humidité.

Il est facile de concevoir à quel point la carbonatisation joue un rôle important dans le durcissement des bétons, quand on sait que la chaux vive absorbe, pour se transformer en carbonate, un poids d'acide carbonique à peu près égal au sien.

Par conséquent, si un mètre cube de bétons contient deux ou trois cents kilos de chaux vive, il absorbera, il s'assimilera deux ou trois cents kilos d'acide carbonique, addition qui ne peut avoir lieu sans augmenter énormément la densité, la compacité des bétons; et de fait, soit augmentation de densité, soit nouvel arrangement moléculaire sous l'influence de l'acide carbonique, et par la transformation de la chaux vive en carbonate de chaux, toujours est-il que les plus médiocres bétons, pourvu qu'ils ne soient pas exposés aux intempéries, acquièrent à la longue, de ce chef, une densité infiniment plus grande que celle qu'ils avaient au début par le seul fait de la prise, c'est-à-dire de la cristallisation de la chaux.

4° Enfin l'incrustation.

Les bétons durcissent encore par le fait des incrustations qui se produisent dans leur masse même, par absorption, lorsqu'ils sont soumis au contact de certaines solutions salines. Ainsi, par exemple, quand un béton se trouvera au contact de bicarbonates alcalins, il se transformera lui-même en carbonate de chaux ; ou bien, s'il se trouve au contact d'une solution de bicarbonate de chaux, la chaux du béton décomposera ce bicarbonate, se combinera avec une partie de l'acide carbonique en même temps que le sous-carbonate de chaux provenant de cette décomposition se déposera à l'état naissant dans les pores du béton, dont la densité, la dureté seront augmentées tout à la fois et par la transformation de la chaux du béton en carbonate de chaux, et par le dépôt à l'état naissant du carbonate de chaux produit par la décomposition du bicarbonate au contact de la chaux du béton.

Mais, pour que ces quatre causes de durcissement opèrent leur effet sur les bétons ordinaires, il faut que ces bétons aient été obtenus, ainsi que nous l'avons dit, dans de bonnes conditions, c'est-à-dire que la prise première, la cristallisation initiale des chaux, soit assez complète au début pour donner un béton assez ferme, assez dur, assez résistant pour, si on l'emploie à élever des maçonneries exposées à l'air, pouvoir se dessécher sans tomber spontanément en poudre, pour ne pas se dissoudre au contact des eaux pluviales, pour braver les gelées et l'ardeur du soleil ; car, s'il en était autrement, on conçoit qu'à défaut de résistance, ces bétons se désa-grégeraient et que la dessiccation, la carbonatation, l'incrustation n'auraient pas à s'exercer sur un béton qui ne pourrait se conserver.

Malheureusement, dans la pratique actuelle, surtout en ce qui concerne les bétons à base de chaux, presque jamais l'on n'obtient de béton ayant une prise initiale suffisante pour subir impunément l'exposition aux injures du temps ; presque toujours, sinon toujours, cette prise est si peu énergique, que la simple dessiccation suffit pour en amener la destruction.

Quand, au contraire, et de loin en loin, on obtient des bétons de bonne prise et de résistance suffisante pour se dessécher sans se désagréger, alors à la suite avec le temps se produisent nécessairement les effets de la car-bonatation et de l'incrustation, effets puissants et qui expliquent pourquoi certains bétons exposés à l'air ou enfouis dans le sol, au contact des eaux souterraines, acquièrent quelquefois des duretés prodigieuses qui, attribuées, à défaut d'un examen suffisamment attentif, à la seule prise initiale moléculaire des chaux, a conduit trop souvent à tort les praticiens à supposer que ceux qui avaient confectionné des bétons aussi durs possé-daient des secrets aujourd'hui perdus, opinion à notre sens tout à fait erronée.

C'est justement ce qui s'est passé à propos des vestiges laissés par les Romains ; on trouve aujourd'hui, après deux mille ans, des aqueducs, des massifs très-épais, des bétonnages enfouis sous le sol, dans les emplacements où existaient d'anciens bains thermaux ; ces restes ont en général une dureté et une densité merveilleuses qui fait encore tout à la fois l'envie et le désespoir des hommes de l'art qui, ne pouvant les reproduire, supposent que les Romains étaient en possession d'un secret que toute la science de notre siècle n'a pas encore retrouvé.

Nous croyons qu'à l'égard des bétons romains il existe un préjugé invétéré tout à fait en dehors de la vérité.

Si les Romains avaient possédé un secret pour obtenir en peu de temps des bétons aussi durs et compactes que ceux qui nous restent, il est permis de croire qu'ils ne l'auraient pas employé uniquement à des murailles de plusieurs mètres d'épaisseur et seulement aux grands monuments publics, ou bien à faire des bétonnages hydrauliques mais souterrains; surtout s'ils avaient été en possession d'un pareil secret, ils n'auraient pas toujours été obligés de ne faire des massifs de béton qu'à la condition de les recouvrir extérieurement d'un parement de pierres ou de briques ; l'idée leur fût sans aucun doute venue de supprimer, dans des cas nombreux, tout parement étranger au béton lui-même, dont les surfaces extérieures, recevant directement du moule la forme voulue, auraient en réalité formé parement.

Or, après avoir visité attentivement les thermes à Paris, les aqueducs et thermes de Lyon, les antiquités d'Orange, Nîmes, Arles et Rome, nous n'avons trouvé nulle part aucuns vestiges de constructions sans parements de pierres, nulle part un mur mince qui indiquât la possession complète de l'art de bâtir au moyen des bétons : partout nous n'avons trouvé que des massifs énormes de plusieurs mètres d'épaisseur toujours recouverts de leur parement, ou du moins présentant en-

core des traces évidentes de leur existence dans l'origine; bien plus, dans la plupart des cas, nous n'avons
pas trouvé de véritable béton, mais ordinairement des
blocs de pierrailles ou des fragments de briques jetés à
bain de mortier.

Si les Romains avaient su élever à l'air des constructions de bétons moulés, d'une dureté assez grande et
assez prompte pour se passer de parements, nous en
eussions trouvé la preuve dans les ruines de Pompéia et
d'Herculanum, si merveilleusement conservées par les
cendres et la lave du Vésuve, et où, malgré toutes nos
investigations, nous n'en avons trouvé aucuns vestiges.

Donc les Romains ne bâtissaient pas avec des bétons
proprement dits, et ils n'obtenaient pas une dureté assez
prompte et assez énergique pour se passer de parements.

Si les Romains ont eu un secret, il a dû être tout en-
tier dans leur mépris de la vie humaine; ayant à leur ser-
vice des armées d'esclaves, ils ont pu leur faire broyer le
béton dans des conditions de fermeté qui devait promptement épuiser leurs forces et leur vie. Cet élément d'un
bon béton (le gâchage ferme), malgré ses conséquences
funestes, pouvait être obtenu aux dépens de la vie humaine quand il s'agissait d'esclaves; mais il est impossible de l'obtenir aujourd'hui que la vie de l'homme est
plus respectée.

Nous devons pourtant faire une exception pour les
enduits d'aqueducs ou de murs, que les Romains obtenaient à l'état de grande dureté et de parfaite imperméabilité, mais encore dans ce cas ils n'obtenaient pas
ces résultats au moyen du secret, aujourd'hui perdu, de
la manière de préparer les chaux; ils l'obtenaient par un

simple tour de main dont la pratique s'est encore conservée.

Lorsqu'on applique sur une maçonnerie quelconque
un enduit de chaux, si, pendant toute la durée de la prise
et pendant que le mortier est encore mou, on passe et
repasse la truelle en appuyant fortement avec compression, à dix, à quinze, à vingt reprises différentes, on
obtiendra par ce moyen un enduit de chaux imperméable,
dur et lisse comme du marbre poli, quelle que soit du
reste la chaux employée ; ce procédé est encore en usage
en Italie, il est le secret des stucs si renommés de ce pays.

A Rome, où le sable manque, où du moins il n'est pas
employé et où il est remplacé par d'excellente pouzzolane
naturelle, nous avons vu faire par ce moyen des enduits
d'une dureté parfaite avec un mortier composé de chaux
et de pouzzolane, tandis que le même mortier employé
aux jointages des pierres ou des briques se dissout rapidement, complétement, soit par l'action des eaux, soit
par celle des gelées (ce qui, soit dit en passant, démontre
péremptoirement que la bonté des mortiers ne provient
pas de la présence de la pouzzolane, ce que nous dé-
montrerons plus loin).

Quoi qu'il en soit, ce durcissement à la truelle par
compression exige trop de temps, trop de main-d'œuvre
pour pouvoir être employé de nos jours où le travail re-
çoit des salaires trop élevés et où l'activité fébrile oblige
à une rapide exécution ; ce procédé n'est praticable que
dans les pays où la main-d'œuvre est à très-bas prix.

Quant à la dureté des vestiges romains, elle est facile
à expliquer par l'application des lois ordinaires de durcissement que nous avons signalées plus haut.

En effet, en ce qui concerne leurs constructions en élévation au-dessus du sol, il n'est pas impossible que les
Romains aient eu quelque connaissance de certains des
caractères apparents des chaux hydrauliques à prise intense, et que dans leur pratique ils aient constaté le rôle
important de la fermeté des bétons, de l'élimination de
tout excès d'eau, ce qui serait confirmé par leur usage
d'introduire dans leurs maçonneries, à bain de mortier,
des corps absorbants, tels que fragments de briques et de
tuileaux.

Mais que les Romains aient eu ou non une certaine
connaissance des qualités de chaux et des effets de l'élimination de l'eau, il n'en est pas moins vrai que leurs
maçonneries de blocailles étaient toujours recouvertes
d'un parement composé de matières étrangères au béton;
de telle sorte que ces constructions ayant un parement
de pierres ou de briques qui les mettaient à l'abri des
intempéries, la dureté, la solidité du massif intérieur
ainsi mis au début à l'abri de toute cause directe de
destruction, et en outre des effets de la prise initiale, de
la cristallisation des chaux, ont pu s'augmenter à la longue par la dessiccation et aussi par la carbonatisation
s'opérant peu à peu au travers des parements, par les
infiltrations d'eaux pluviales, ou par l'absorption de l'humidité constante de l'air.

Ensuite, lorsque, plus tard, par les outrages du temps
ou des Barbares, les parements ont été renversés, le massif intérieur, complétement desséché et déjà en partie
carbonaté, a pu résister aux effets des intempéries; d'autant plus qu'au contact des pluies ou de l'humidité atmos-
phérique, leur carbonatisation a pu s'achever, et par
conséquent augmenter leur dureté.

Ils ont pu, même à l'air, obtenir une certaine incrustation; en effet, après la destruction des parements, les pluies saturées d'acide carbonique, tombant sur une surface perméable de béton déjà carbonaté, ont dû dissoudre une partie de ce carbonate pour fournir un bicarbonate de chaux soluble, dont la solution, pénétrant plus avant dans le massif de béton et y trouvant de la chaux non encore carbonatée, a dû, conformément à ce que nous avons dit précédemment, subir une nouvelle transformation et former dans le béton un dépôt de sous-carbonate de chaux qui, à son tour, opérant un effet d'incrustation, a dû rendre ce béton intérieur parfaitement imperméable, alors même qu'au début la masse entière ne l'aurait pas été, de telle sorte que les eaux pluviales ne pouvant plus le pénétrer n'ont pu que couler à sa surface et désormais ont dû cesser d'exercer dans l'intérieur des massifs privés de parements aucune espèce d'action.

Une fois arrivé à ce degré d'imperméabilité par incrustation obtenue au moyen de la dissolution des premières couches extérieures par l'acide carbonique de l'air, une maçonnerie de bétons pouvant devenir inattaquable par les intempéries, sa durée peut être éternelle, et c'est sans doute l'effet qui s'est produit pour les restes de maçonneries romaines qui existent encore.

Quant aux vestiges souterrains, deux mille ans d'existence sont plus que suffisants pour permettre une carbonatisation et une incrustation complètes obtenues aux dépens des courants d'eaux souterraines, et donner la prodigieuse dureté et la compacité que l'on trouve quelquefois dans les bétons romains.

D'où il résulte que nos constructeurs actuels sont trop

modestes et qu'il y a lieu de croire que lorsque dans des
cas rares on obtient actuellement de bons bétons, si l'on
en faisait des massifs ayant plusieurs mètres d'épaisseur,
si on les recouvrait d'un parement en pierres ou en briques, on serait peut-être fort étonné, si on pouvait les exa-
miner deux mille ans après, de les trouver aussi durs que
les massifs romains.

Malheureusement il est rare, bien rare, que l'on obtienne, par les procédés actuels, des bétons assez bons
pour supporter la dessiccation, ou même, une fois desséchés, pour résister aux pluies, aux gelées, à la sécheresse ;
car, quand même on aurait obtenu une prise suffisante
pour arriver jusqu'à la carbonatisation, cette carbonatisation elle-même ne suffirait pas pour assurer la durée
des bétons qui, par suite d'une prise initiale de médiocre
énergie, demeurant légers, poreux, absorbants, se laisseraient pénétrer par l'eau, si bien qu'à la première gelée,
malgré une dessiccation et une carbonatisation préalables,
tout disparaîtrait.

A défaut de gelée, ils seraient, avec le temps, dissous
par les pluies, conformément au phénomène que nous
avons indiqué plus haut ; l'eau de pluie, chargée d'a-
cide carbonique, les pénétrerait, les traverserait comme
un crible ; l'acide carbonique, trouvant une chaux
friable, divisée, se combinerait avec elle pour former
des bicarbonates de chaux solubles, lesquels seraient
entraînés par les pluies au travers des bétons, jusqu'à
ce qu'enfin toute la chaux étant dissoute le béton serait
détruit.

Telle est l'origine de ces stalactites que l'on trouve
sous les ponts, sous les voûtes exposées aux eaux plu-

viales, et qui proviennent des mortiers dissous par l'acide carbonique de l'air.

Il est donc de toute nécessité, pour que des bétons exposés à l'air puissent acquérir, par le desséchement, la carbonatisation et l'incrustation, une grande dureté, une grande compacité et la faculté de résister aux intempéries, à la pluie, à la chaleur, aux plus rudes gelées, que la prise initiale moléculaire soit très-énergique.

Malheureusement, par les procédés mis en usage jusqu'à ce jour, l'on n'obtient presque jamais une bonne prise initiale; c'est en vain que l'on emploie les meilleures chaux, les meilleurs ciments; c'est en vain que l'on apporte les plus grands soins à la confection, que l'on se conforme absolument aux prescriptions de la théorie Vicat et des procédés enseignés; en vain que l'on introduit des pouzzolanes : tous les efforts échouent, et l'on finit par n'obtenir que des bétons légers, friables, poreux, gélifs, incapables par conséquent d'être exposés aux intempéries et de subir la moindre atteinte du choc ou du frottement.

Aussi, encore aujourd'hui, les constructeurs se sont-ils résignés à n'employer les bétons que sous l'eau ou sous la surface du sol : au moins dans ce cas ils n'ont rien à craindre ni de la sécheresse, ni des gelées.

Et pourtant quel est l'ingénieur, quel est l'architecte qui, l'œil fixé sur les vestiges romains, n'ait entrevu dans ses aspirations, dans ses rêves, un moyen d'obtenir par l'emploi des bétons, de la pâte de pierre susceptible d'être moulée sur place, et de donner, par le monolithisme, des puissances encore inconnues pour la construction des voûtes, des ponts, pour les hardiesses de tous genres?

Un moment, lors de la découverte des ciments et de l'apparition de la théorie de M. Vicat, on a cru le problème résolu, et des essais nombreux ont témoigné de l'intensité des espérances.

Les résultats n'ont pas répondu à l'attente. M. Vicat avait bien trouvé la loi de l'hydraulicité, mais il n'avait pas donné la loi de l'emploi : aussi toutes les tentatives de construction à l'air en béton de chaux n'ont pu donner de maçonnerie résistante aux intempéries.

Quant aux ciments, ils ont donné une maçonnerie plus dure, plus résistante, il est vrai ; mais cette maçonnerie travaille, comme on dit ; elle se fend à l'air, et à la longue les intempéries finissent par la détruire.

Aussi les tentatives ne se sont plus renouvelées, et les constructeurs ont dû retourner à l'emploi des anciens matériaux, à la pierre et à la brique.

Et pourtant de temps à autre quelques essais mieux réussis, des blocs de maçonnerie durable en béton de chaux ou de ciments, témoignent qu'il n'est point impossible d'obtenir des bétons aussi résistants que la meilleure pierre : des fragments du moyen âge, aussi intacts aujourd'hui que le premier jour, le confirment ; et de nos jours des essais heureux (1), mais exécutés, il est vrai, sous l'œil du maître et par ses mains, en donnent la certitude, on peut obtenir des bétons résistants ; mais comme la loi de cette résistance n'est pas encore généralement connue, il se trouve que les succès obtenus sont

(1) Quand nous parlons d'essais heureux, nous avons en vue les constructions actuellement faites en bétons ordinaires, en Suède et aux États-Unis, et surtout les essais tentés vers 1830 par M. Lebrun, architecte à Montauban, et décédé depuis assez longtemps.

Mais ces essais, accomplis avec des bétons ordinaires, sont plutôt le témoi-

2

dus au hasard qui a donné un ensemble de circonstances
heureuses.

Il existe donc, en l'état actuel de l'art de construire,
une cause cachée, permanente et ordinaire qui s'oppose
à ce que, malgré tous les soins, on obtienne toujours,
facilement, de bons bétons; cette cause est fort simple,
et c'est justement cette simplicité qui l'a fait échapper
jusqu'ici aux investigations de la science.

*Les bétons actuels contiennent toujours trop d'eau,
puisqu'on ne les emploie qu'à l'état de bouillie presque
liquide; or, cet excès d'eau est la cause de tout le mal;*
chimiquement, elle s'interpose entre les molécules de la
chaux, elle les tient éloignées, par conséquent elle en
empêche la prise, la cristallisation; physiquement, elle
se sépare de la chaux au moindre mouvement que l'on
imprime aux bétons; elle coule, elle lave la chaux, qu'elle
délaye, dissout, et qui devient incristallisable; elle remplit les vides et rend le béton incompressible et inca-
pable de s'agglomérer; puis, lorsque le béton, s'il doit
demeurer à l'air, se dessèche, cette eau, en s'évaporant,
laisse des vides innombrables; finalement l'on n'obtient, même avec les meilleures chaux, que des bétons
légers, friables, absorbants et gélifs, puisque les vides
laissés par l'eau se remplissent au contact des pluies, d'où
résulte une complète désagrégation à la moindre gelée.

gnage d'une aspiration, d'un désir, d'une espérance, qu'une solution du problème de l'art de construire en élévation, au moyen des bétons moulés.

En effet, les constructions dont il est ici question ont été faites au moyen de
bétons coulés dans des moules, mais non sérieusement agglomérés, ce que
prouve du reste leur manque de résistance aux intempéries.

Les praticiens qui ont fait ces tentatives avaient bien entrevu l'importance
du problème; mais les moyens matériels, et peut-être une théorie bien nette,
leur ont manqué pour faire passer leur conception dans les faits.

Cet excès d'eau, inévitable dans les procédés en usage, provient de la nécessité où l'on se trouve, en l'absence encore complète de machines puissantes et convenablement appropriées, de se servir du bras de l'homme pour opérer le broyage des mortiers et des bétons : or, la force humaine est radicalement insuffisante pour opérer le broyage d'un béton qui n'aurait que la quantité d'eau strictement indispensable; et par le bras seul de l'homme la perte de temps et la dépense seraient telles, que l'idée même de s'en servir pour obtenir des bétons privés de tout excès d'eau, depuis tant de milliers d'années que l'on emploie la chaux, n'a pu même se présenter à l'esprit des constructeurs.

Voilà pourquoi l'art de construire au moyen des bétons est demeuré dans l'enfance.

Toujours est-il que, par suite d'observations insuffisantes, de préjugés généralement répandus, et en l'absence des procédés et des conditions dont nous allons parler plus loin, les bétons, tels qu'on les obtient aujourd'hui par les moyens ordinaires, ont une prise sans énergie; ils sont incapables de résister aux intempéries, et, s'ils prennent, leur prise n'a d'autre cause que la bonté même de la chaux, à ce point que l'on peut admettre, comme loi des bétons ordinaires, que leur bonté ne provient exclusivement que de la bonté même de la chaux, et qu'aucune autre cause n'y intervient.

Par les procédés sur lesquels nous osons appeler l'attention de l'Académie, la bonté des chaux, quoique nous n'entendions pas en nier l'influence d'une manière absolue, est la moindre des causes de la bonté finale des bétons, à ce point que, sauf peut-être pour les chaussées qui exigent le concours de toutes les causes, même les plus minimes de solidité finale, toutes les chaux sont également bonnes pour tous les emplois ; toutes les chaux hydrauliques, par exemple, résisteront à la mer ; toutes pourront, avec un égal succès, être employées dans les travaux d'hydraulique, dans la construction de toute maçonnerie en élévation hors du sol, et même dans la confection des trottoirs. La chaux grasse elle-même donnera d'excellente maçonnerie, pourvu qu'elle demeure exposée quelques jours à l'air.

Une égalité presque absolue règne, par nos procédés, entre toutes les chaux ; les moins renommées sont, à peu de chose près, égales à celles qui ont le plus de réputation.

Avec de la chaux d'Argenteuil ou de Belleville, à Paris, on peut obtenir presque d'aussi bons trottoirs qu'avec celle d'Échoisy ou même la chaux du Theil.

La seule différence pour ainsi dire qu'il nous ait été donné de remarquer entre elles, est que certaines chaux acquièrent une dureté donnée, quelques heures plus tôt que certaines autres ; mais bientôt les chaux retardataires atteignent la dureté des chaux les plus hâtives, et en peu de temps il devient presque impossible de trouver la moindre différence entre elles.

Et encore nous ne sommes pas certain que les différences presque insensibles que nous avons pu observer, au lieu de tenir au plus ou moins de bonté des chaux, ne dépendent pas beaucoup plus d'un plus ou moins bon emploi de nos procédés et de tours de main plus ou moins bien réussis.

La bonté des chaux qui, par les procédés ordinaires, est

la seule cause de la bonté des bétons, est en effet, vis-à-vis des autres causes de durcissement qui résultent de nos procédés, tellement insignifiante, que même avec la meilleure chaux, pour peu que la préparation des bétons laisse la moindre des choses à désirer, les bétons obtenus seront moins bons, leur prise sera moins rapide, moins intense que celle de ceux qui, préparés dans de bonnes conditions, auront pour base la plus mauvaise chaux.

Les véritables causes de la bonté finale des bétons, ces causes assez puissantes pour effacer, pour rendre insignifiante la seule base sur laquelle s'appuie aujourd'hui l'art de construire au moyen des mortiers et béton, à savoir la bonne qualité des chaux; ces causes qui, une chaux étant donnée, produisent en quelques jours une intensité de prise que les procédés ordinaires seraient bien loin de donner, même après plusieurs années; ces causes qui, même avec les plus mauvaises chaux, donnent une maçonnerie dense, compacte, imperméable et absolument résistante aux gelées, aux courants d'eau, à l'action chimique de l'eau de mer, aux chocs et aux frottements, tandis que les procédés actuels, même avec les chaux les meilleures, ne donnent que des bétons légers, poreux, friables, gélifs, solubles dans l'eau de mer, et incapables de résister aux courants d'eau, aux frottements et aux chocs; ces causes qui décuplent, qui centuplent peut-être la résistance des bétons, peuvent se formuler ainsi:

La bonté finale des bétons, au lieu d'être proportionnelle seulement à la bonté des chaux comme dans les procédés ordinaires, est proportionnelle:

1° A l'élimination de tout excès d'eau dans les bétons,

excès qui existe toujours par les procédés usuels; et à leur fermeté au moment de l'agglomération;

2° A l'homogénéité de la masse des bétons, au mélange intime de leurs matières, à la perfection et à l'énergie de leur broyage, au moyen desquels, malgré l'élimination de tout excès d'eau, on doit obtenir des bétons à l'état de pâte pulvérulente ou de pâte plastique selon les cas, tandis que, par les procédés ordinaires, on ne les obtient qu'à l'état de bouillie liquide;

3° A l'énergie et à la perfection de l'agglomération exercée sur ces bétons par le choc répété d'un corps dur et pesant.

En effet, par l'élimination de l'eau en excès, les molécules de la chaux n'étant plus tenues éloignées les unes des autres par l'interposition de l'eau, ainsi qu'il arrive toujours dans les bétons ordinaires, étant au contraire aussi rapprochées que possible, cristalliseront avec une promptitude et une énergie d'autant plus grandes que l'élimination sera plus complète.

Tout excès d'eau étant éliminé, il ne restera dans le béton que la quantité d'eau nécessaire à la cristallisation de la chaux, qui, en se produisant, fixera cette eau, la solidifiera, de manière que plus tard l'évaporation considérable qui se produit dans les bétons ordinaires n'ayant pas lieu, il ne restera pas ces vides innombrables qui, avec la meilleure chaux, ne donnent que des bétons légers, absorbants, poreux, gélifs et solubles.

L'absence de tout excès d'eau permettra en outre d'obtenir une fermeté beaucoup plus grande, de telle sorte qu'au lieu de couler, de fuir sous le pilon, les bétons se serreront sous le choc, se tasseront, jusqu'à ce point d'acquérir immédiatement par la simple cohésion, même avant toute prise, une dureté que les bétons ordinaires n'acquerraient que longtemps après.

Si par la seule élimination de l'eau on obtient des bétons aussi durs par le simple tassement et avant qu'aucune prise ait commencé, on conçoit que la promptitude et l'intensité de la prise acquerront d'incroyables proportions lorsque la prise aura lieu, lorsque se produira la cristallisation de la chaux.

A plus forte raison peut-on concevoir que la dureté de ces bétons deviendra excessive, prodigieuse, lorsqu'ils seront soumis à la dessiccation, à la carbonatisation, à l'incrustation, sur les effets desquelles nous aurons à revenir.

Mais plus l'eau sera soigneusement éliminée, plus il deviendra nécessaire, par un broyage parfait, énergique, d'opérer le mélange intime des matières ; car, si cette intimité n'existait pas, si le béton n'était pas parfaitement homogène, au lieu, par le broyage, de passer à l'état de pâte plastique ou pulvérulente, il tomberait en un état de poudre sèche non agglomérable ; cette poudre fuirait sous le choc, le béton ne serait pas agglutiné, et alors, en se desséchant, au lieu de durcir, il deviendrait friable, absorbant, gélif, perméable, soluble ; il se désagrégerait au moindre choc, au moindre frottement.

. Un béton mal broyé, sans homogénéité, serait encore plus mauvais que les bétons ordinaires.

Quant à l'agglomération, toutes les fois qu'elle s'exercera sur des bétons sans excès d'eau, bien fermes, mais néanmoins bien homogènes, bien liants, en un mot à l'état de pâte plastique, elle donnera un béton où il n'existera plus de vides, et dont la densité sera bien plus grande que celle des bétons ordinaires.

L'agglomération contribuera encore à rapprocher les molécules de la chaux, et en facilitera ainsi énormément la cristallisation, en même temps que physiquement elle rapprochera les matières du béton, elle leur fera occuper un moindre volume, de telle sorte, par exemple, qu'un mètre cube de béton bien préparé et bien aggloméré pèsera trois, quatre, cinq cents kilos de plus qu'un béton ordinaire.

Cette action toute physique de l'agglomération joue le plus grand rôle dans la prise immédiate et dans la bonté finale des bétons, puisqu'elle vient s'ajouter encore à toutes les autres conditions qui, par les procédés que nous avons mis en usage, viennent concourir à produire la prise et la dureté finales.

Ces diverses conditions ne sont point aussi faciles à réaliser qu'on pourrait le supposer.

L'élimination de l'excès d'eau, la trituration parfaite, l'agglomération ont exigé des recherches longues et multipliées pour obtenir les procédés nécessaires, pour créer les machines les plus parfaites, et ce n'est qu'après de longs efforts que nous sommes enfin parvenu à résoudre toutes les conditions du problème.

Mais, avant d'aborder la description des moyens que nous avons dû employer, nous croyons utile d'indiquer en quelques mots la voie qui nous a conduit à la constatation complète, irréfutable de la théorie que nous venons d'émettre et à la pratique qui en a été la conséquence.

Appelé en 1853 à construire à Saint-Denis une vaste

manufacture, pour le compte de la maison Çoignet père et fils et Cⁱᵉ, dont nous sommes l'un des gérants, il fut décidé que cette construction serait faite par un moyen généralement répandu à Lyon, et que des premiers, sinon les premiers, il y a vingt ans, nous avons mis en usage.

Ce procédé consiste à opérer, à bras d'homme, un mélange de cendres et scories de houille et de chaux, à verser par couches minces le béton ainsi obtenu dans un moule établi sur le mur même, et à le pilonner, l'agglomérer par le choc répété d'un corps dur et pesant, jusqu'à ce que le moule soit plein; aussitôt le moule plein, on le démonte, on le pousse plus loin et on le remplit de nouveau.

Ainsi qu'on le voit, ce sont les procédés usités pour le pisé de terre appliqués à une espèce de bétons.

Ce genre de construction est plus solide que la pierre, car ce béton acquiert promptement une grande dureté; il résiste parfaitement à toutes les intempéries et même aux courants d'eau, et de plus il donne une maçonnerie à l'état monolithique, bien supérieure en solidité aux meilleures maçonneries de moellons, composées de menus fragments, toujours hors d'aplomb, et laissant toujours entre eux des parties vides.

Ayant à Saint-Denis substitué pour la première fois la machine aux bras de l'homme, nous obtînmes un béton beaucoup mieux broyé, beaucoup plus homogène, à prise beaucoup plus énergique; ce qui nous enhardit à supprimer les voûtes en pierre, les murs de soubassement, les baies de portes et fenêtres qui, à Lyon, sont encore en pierres de taille ou en moellons, tandis qu'à

Saint-Denis, voûtes, soubassements, baies de portes et fenêtres, escaliers et plates-bandes, tout est en béton moulé sur place, sans aucuns linteaux, ancrages ni chaînage.

Mais bientôt, vu l'importance de ces constructions, les cendres de houille firent défaut, et pour les continuer il fallut ou revenir au mur de moellon, ou trouver un moyen de faire des bétons dans lesquels la cendre de houille fut remplacée par un autre corps.

L'amour-propre interdisait d'avoir recours à la maçonnerie ordinaire; il fut décidé que l'on essayerait de faire du béton avec d'autres matières que les cendres.

Le sable seul pouvait être substitué à la cendre; mais, avec l'emploi du sable, arrivèrent toutes les difficultés qui en accompagnent l'emploi, difficultés si grandes que, bien que l'usage des mortiers et des bétons remonte à l'origine des temps, on ne les avait point encore vaincues.

Naturellement, au début, le sable fut purement et simplement substitué à la cendre, et le travail essayé dans les mêmes conditions; mais l'échec le plus complet accueillit cette tentative; en effet, les cendres et scories de houille sont un corps aiguillé, spongieux, rempli d'aspérités à l'infini, lequel, malgré la présence d'un excès de chaux ou d'un excès d'eau, peut s'écraser sous le pilon, se tasser, s'enchevêtrer de manière à produire quand même une liaison suffisante, et à former une masse assez ferme pour ne pas se déformer ni s'écrouler au démoulage.

Le sable, au contraire, est composé de petits fragments de silex roulés, sans liaison entre eux, n'ayant pas, comme les cendres, la faculté d'absorber, de s'écraser, de s'enchevêtrer : aussi, par un simple mélange de sable et de chaux, n'obtenait-on qu'un béton beaucoup trop mou, qui, au lieu de s'agglomérer, fuyait sous le pilon, dont l'eau se séparait en délayant les surfaces, et qui, sans liaison et sans soutien, s'écroulait au démoulage.

Croyant alors, à cette époque, conformément à l'opinion généralement admise, que la composition chimique des cendres de houille était la cause de la bonté des bétons de cendres, en donnant lieu à la formation de silicates doubles, nous demandâmes le secret, pour l'emploi du béton de sable, à l'introduction de matières que nous croyions propres, comme les cendres, à exercer une action chimique.

Mais c'est en vain que, cherchant toujours la formation de ces silicates doubles qui seraient la cause de la prise des bétons, nous eûmes recours aux pouzzolanes naturelles les meilleures, aux briques pilées, aux oxydes de fer, aux alcalis.

Tout fut essayé en vain : les bétons de sable, malgré cette introduction de matières, demeuraient tout aussi mauvais.

Toutefois, certains faits vinrent nous mettre sur la voie de la vérité : de temps à autre, de loin en loin, sans que nous pussions alors nous en rendre compte, nous obtenions des parties de maçonnerie ferme, facilement agglomérable, ne se déformant pas au démoulage, et acquérant ensuite rapidement une dureté supérieure à celle du béton de cendres.

Ces succès inattendus, que nous ne pouvions reproduire à volonté et d'une manière régulière, puisque la cause véritable nous en échappait complétement, venaient néanmoins de temps à autre ranimer nos espérances quand nous cédions au découragement, en nous prouvant que le but que nous poursuivions pouvait être atteint, puisque, sans en connaître la loi il est vrai, nous obtenions quelquefois de bons résultats.

Enfin, à force d'essais et d'obstination, et obligé, par l'examen attentif des faits, de renoncer à la théorie qui attribuait la dureté finale des bétons à des combinaisons chimiques, nous arrivâmes peu à peu à reconnaître que l'intensité, la rapidité de la prise initiale des bétons, et l'énergie de leur durcissement final provenaient exclusivement de leur état de fermeté, de leur homogénéité, de la perfection de leur broyage et de l'agglomération, et nullement de la nature des matériaux qu'ils contenaient en dehors des chaux et des ciments.

En effet, nous pûmes remarquer qu'en certains cas, quand, en plein été, les sables étaient très-secs, quand nous introduisions dans les bétons une plus grande quantité de matières pouzzolaniques bien sèches, il nous arrivait d'obtenir des bétons beaucoup plus fermes, beaucoup plus faciles à agglomérer et qui nous donnaient d'excellente maçonnerie, résultats qui cessaient aussitôt que les sables redevenaient humides ou que les pouzzolanes étaient moins sèches.

Du moment que ce fait fut bien démontré, quand nous eûmes reconnu, par des expériences sans nombre, qui, toutes, sans présenter jamais aucune exception, vinrent confirmer que la bonté des bétons, la rapidité de leur prise, leur dureté finale n'étaient point proportionnelles à certaines combinaisons chimiques qui en réalité ne se produisent pas, mais bien, qu'elles étaient proportionnelles à leur état d'homogénéité, de fermeté et d'agglomération, le procédé nouveau était fondé, en théorie du moins ; l'art de construire s'enrichissait désormais d'un moyen précieux, fécond, sans analogie avec les procédés employés jusqu'à ce jour, celui d'obtenir avec le sable et la chaux une pâte de pierre, une maçonnerie monolithique ayant toutes les propriétés des meilleurs matériaux connus.

Mais, si la théorie était faite, il était bien loin que la pratique le fût également, et il restait encore à trouver des moyens faciles, certains, réguliers, d'obtenir toujours, en toute saison, avec toutes les chaux, tous les sables, des bétons toujours fermes, toujours homogènes, toujours bien agglomérés.

Cette pratique était pleine de difficultés de toute espèce, et il n'a pas fallu moins de huit ans de recherches, d'efforts obstinés pour les vaincre toutes ; ce à quoi nous sommes enfin parvenu d'une manière complète.

La bonté des résultats à obtenir étant proportionnelle à l'agglomération plus ou moins parfaite, et cette agglomération elle-même étant subordonnée au plus ou moins de fermeté des bétons, nos premiers efforts durent tendre à obtenir toujours, dans toutes les circonstances possibles, les bétons dans l'état de fermeté le plus convenable pour la meilleure agglomération.

Le plus ou moins de fermeté des bétons provient, ou de la présence d'un excès de chaux, ou de celle d'un excès d'eau.

L'excès de chaux dans les bétons agglomérés résulte

de ce que la prise et la dureté finales des bétons ordinaires n'ayant qu'une cause unique, la bonté de la chaux elle-même, les constructeurs sont fatalement conduits, pour augmenter la puissance de cette seule source de bonté des bétons, à augmenter les quantités de chaux, sans quoi leurs bétons ne prendraient pas.

D'un autre côté, on arrive forcément à introduire un excès de chaux dans les bétons ordinaires, afin, à défaut de machines, de permettre à la force de l'homme d'opérer facilement, sans trop de fatigue, le mélange de la chaux et des sables, mélange qui devient trop pénible lorsque les sables et cailloutis se trouvent en trop grande proportion.

Or, la chaux ne peut se trouver en excès dans les bétons sans que ces derniers participent à ses propriétés.

Lors donc que des bétons contiennent trop de chaux, ils sont mous, ils fuient sous le pilon ; si on cherche à les agglomérer, l'eau s'en sépare, coule à la surface, qu'elle délaye en rendant toute prise impossible ; elle remplit les vides, ce qui empêche l'agglomération à défaut de laquelle la maçonnerie obtenue est poreuse, légère, friable, gélive, absorbante, perméable.

De plus, par le fait de la propriété qu'a la chaux de se retirer sur elle-même par la prise et la dessiccation, les bétons contenant un excès de chaux se contractent, se retirent, se fendent, se gercent, ce qui les rend incapables d'être utilement employés dans les travaux d'hydraulique ou autres exposés à l'air, et ces vices existent quelle que soit du reste la bonté de la chaux employée.

La première modification que nous avons dû apporter

dans la confection des bétons ordinaires, dans le but d'obtenir une plus grande fermeté, a donc été de réduire les quantités de chaux ordinairement employées.

Ces quantités s'élèvent ordinairement au tiers ou au quart du volume du sable : la pratique nous a enseigné que, pour obtenir le maximum de bonté des bétons agglomérés, il fallait réduire les proportions de chaux au septième, au huitième, au dixième du volume des sables.

Quoique si grandement réduite, cette quantité de chaux est tout à fait suffisante, car elle remplit complétement les vides du sable.

En effet, par le choc du pilon, les grains de sable se tassent, se serrent, se choisissent pour ainsi dire ; les grains moyens se logent dans les interstices des gros grains, les grains fins remplissent les vides laissés par les grains moyens, de telle sorte que les sables dans les bétons agglomérés présentent beaucoup moins de vides que dans les bétons ordinaires, et la quantité de chaux, quoique si réduite, est encore suffisante pour les remplir.

Cette réduction des quantités de chaux présente plusieurs avantages en outre de la fermeté plus grande qui en résulte pour les bétons ; la chaux, trouvant dans le sable des points d'appui plus nombreux, cristallise avec une énergie plus grande, d'où résulte une bien plus grande dureté.

D'un autre côté, l'excès de quantité du sable dont les grains sont enchevêtrés, arc-boutés les uns contre les autres, empêche les retraits de la chaux, si bien qu'une maçonnerie de bétons agglomérés ne donne lieu à aucunes fentes, à aucunes fissures, résultat précieux surtout en ce qui concerne les travaux d'hydraulique, qui,

obtenus, ainsi que nous le verrons plus loin à, l'état monolithique, ne forment qu'un seul bloc, sans aucuns
joints, sans aucune solution de continuité.

Enfin la réduction des deux tiers des quantités de
chaux est une cause évidente de grande économie.

Mais, de ce que la bonté des bétons agglomérés aug-
mente en même temps que l'on réduit la quantité de
chaux, il ne faudrait pas en conclure, ainsi que nous
l'avons entendu dire, que cette bonté provient de ce que
les bétons sont plus maigres; ce serait une funeste er-
reur : les bétons avec peu de chaux sont bons s'ils sont
bien agglomérés; mais ils doivent leur bonté, non à la
maigreur, mais à l'agglomération, et s'ils n'étaient pas
agglomérés, comme dans les procédés ordinaires, où la
bonté des bétons ne provient que de la bonté de la chaux,
moins il y aurait de chaux, moins les bétons seraient
bons, et en effet les bétons maigres non agglomérés exposés à l'air tombent d'eux-mêmes en poudre.

Nous avons dit que le manque de fermeté suffisante
des bétons provenait soit de la présence d'un excès de
chaux, soit de celle d'un excès d'eau; par l'élimination
d'une quantité considérable de la chaux ordinairement
employée, l'excès de chaux est bien supprimé; mais cette
élimination est loin de suffire pour donner aux bétons la
fermeté nécessaire, car elle n'enlève pas l'excès d'eau
qui se trouve presque toujours dans les sables, et même
dans le peu de chaux qui reste dans le béton après l'élimination, reste qui contient encore trop d'eau pour que
ce béton devienne assez ferme pour recevoir une complète agglomération.

Il a donc fallu, en outre de l'élimination de l'excès de

chaux, arriver à se débarrasser de l'excès d'eau provenant ou du sable presque toujours humide, ou même
seulement du peu de chaux conservée.

L'excès d'eau contenue dans les chaux provient des
nécessités d'une extinction convenable, ayant pour but
d'éviter ce qu'on appelle les incuits, et de donner une
chaux en pâte assez molle pour se mêler facilement au
sable; à ce double point de vue, la suppression de l'excès
d'eau ordinairement employée offrait des difficultés toutes
particulières, s'il s'agissait de la chaux éteinte en poudre,
mais elle était impossible par rapport à la chaux en pierre.

En effet, pour opérer l'extinction directe en bassin de
la chaux sous forme de pierres, cette chaux doit toujours
baigner dans un excès d'eau, sans quoi une partie des
pierres ne s'éteindrait pas, formerait ce qu'on nomme
des incuits, lesquels, demeurant dans le béton, s'étein-
draient à la longue dans la maçonnerie elle-même, donnant ainsi lieu à des éclats, à des dégradations.

Donc avec la chaux en pierre il n'y avait pas de réduction d'eau possible, et il a fallu avoir recours au moyen
que nous examinerons tout à l'heure.

Il n'en est pas de même avec la chaux déjà éteinte en
poudre; il devient alors possible de réduire à volonté les
quantités d'eau employées; on peut n'employer, par exemple, que trente litres, quarante litres d'eau par hectolitre
de chaux en poudre, lorsque dans l'usage habituel on en
emploierait cinquante, soixante litres et plus pour opérer
l'extinction.

Après cette élimination d'eau, si on mêle la chaux
à un sable complétement sec, obtenu en cet état soit
artificiellement par la chaleur, soit par l'effet des rayons

solaires et en l'absence de pluie, l'on pourra obtenir un mélange assez ferme, assez privé d'eau pour donner par l'agglomération un béton d'une bonté portée au maximum possible.

Mais, dans la pratique, la dessiccation naturelle du sable est très-rare, et la dessiccation artificielle presque impraticable, et alors quand même on a déjà éliminé une grande partie de l'excès de l'eau par la réduction de la quantité de chaux employée et par une extinction faite au minimum d'eau possible, le sable étant humide il y a encore trop d'eau, à plus forte raison y en a-t-il trop si l'on emploie la chaux éteinte en pierre, laquelle contient considérablement plus d'eau que la chaux en poudre.

C'est dans ce cas qu'il faut employer d'autres moyens plus énergiques et plus certains.

C'est alors qu'il faut avoir recours à l'introduction dans les bétons de matières pouzzolaniques, telles que terre cuite pilée, briques pilées, cendres de houille, de tourbe, de schiste, pouzzolanes naturelles, non pas, comme on le croyait naguère, pour introduire dans les bétons des éléments chimiques destinés à produire des combinaisons propres à donner une prise plus énergique, plus intense, mais tout simplement pour absorber l'eau qui peut encore se trouver en excès, soit dans les chaux, soit dans les sables.

L'expérience a prouvé que l'introduction des matières pouzzolaniques dans les bétons agglomérés n'a d'autre but et d'autre effet, par leur propriété d'absorption, que d'absorber l'eau en excès, et de donner par ce moyen toute la fermeté désirable au béton afin de faciliter l'agglomération.

Une pouzzolane qui n'absorberait pas, soit parce qu'elle serait humide, soit parce qu'elle serait vitrifiée, ne jouerait aucun rôle, ne produirait aucun résultat; cette introduction serait complétement inutile.

D'après cette conception, les quantités de matières pouzzolaniques à employer doivent être proportionnelles aux quantités d'eau à soustraire; s'il a plu, si le sable est mouillé, si on a employé de la chaux éteinte en pierres, il faudra d'autant plus de pouzzolane qu'il y aura plus d'eau à soustraire : cette quantité pourra s'élever au cinquième, au quart du volume total, selon les cas.

Elle pourra être réduite au dixième, au vingtième, au quarantième de ce volume si les sables sont secs, si la chaux est éteinte en poudre.

Dans tous les cas, qu'on en ait employé peu ou qu'on en ait employé beaucoup, la bonté des bétons se réglera, non sur le plus ou le moins de pouzzolane, mais bien sur la bonne trituration et la bonne agglomération ; on peut même affirmer qu'à bonne préparation égale, la dureté finale des bétons sera d'autant moins grande que l'on y aura introduit plus de pouzzolane ; car les pouzzolanes, étant pulvérulentes et friables, absorbent beaucoup de chaux en pure perte, et ne lui donnent pas, dans sa cristallisation, le point d'appui solide qu'elle trouve sur le sable.

D'après cette théorie, les pouzzolanes ne seraient que l'hygromètre des bétons, leur rôle serait d'absorber l'eau et non de donner par elles-mêmes la dureté.

C'est ainsi que leur emploi, jusqu'à ce jour voué à l'empirisme, acquiert pour les bétons agglomérés une complète certitude ; on sait enfin à quoi elles servent, tandis que jusqu'à ce jour l'irrégularité et l'incertitude des résultats produits par les pouzzolanes en avaient fait abandonner l'usage. En réduisant la pouzzolane à un rôle plus modeste mais plus sûr, en en faisant la *doseuse* de l'eau, il devient possible, par une introduction plus ou moins grande de ces matières, de ramener toujours les bétons à un état de fermeté normale, toujours la meilleure pour obtenir une bonne agglomération.

De telle sorte qu'en tout temps, en tous lieux, en toutes saisons, avec toutes les chaux, tous les sables, et quel que soit l'excès d'eau qu'il faille combattre, l'on est toujours assuré d'obtenir des bétons de fermeté parfaite.

A ce point de vue, l'emploi des matières pouzzolaniques, quoique inerte au point de vue chimique, nous le croyons, est la base, la pierre angulaire des bétons agglomérés.

Par ce moyen, même avec les chaux les plus médiocres, on obtiendra une maçonnerie qui, bien préparée d'ailleurs, aura en quelques semaines la dureté de la pierre, et sera lourde, compacte, imperméable, insensible aux intempéries, une maçonnerie enfin qui aura assez de dureté et de résistance pour permettre l'élévation des plus hautes maisons, et pour faire face à toutes les exigences de l'art hydraulique.

Nous le répétons donc encore une fois, les pouzzolanes sont inertes au point de vue des combinaisons chimiques, du moins en ce qui concerne les bétons agglomérés. La prise initiale et la dureté finale de ces bétons ne proviennent pas de la formation, par voie humide, de silicates doubles auxquels elles auraient donné naissance ;

elles ont un autre rôle, elles absorbent de l'eau, elles amènent les bétons à un état normal de fermeté régulière; mais en réalité, malgré la présence de la pouzzolane, la dureté finale des bétons n'est pas plus grande que si l'on avait employé purement et simplement les sables desséchés artificiellement.

Mais si on désirait obtenir une propriété plus active de durcissement, si l'on avait besoin d'une rapidité et d'une intensité de prise plus grandes, si l'on voulait obtenir les bétons dans un état de cristallisation donnant une ténacité considérable qui leur permît de résister aux grandes pressions d'eau, à l'action dissolvante de l'eau de mer, aux chocs, aux frottements, si, par exemple, on voulait obtenir des trottoirs et des chaussées ; au lieu de pouzzolanes inertes, il faudrait employer les ciments, qui, eux, exerceraient réellement une influence active attribuée à tort à l'introduction des matières pouzzolaniques.

L'introduction de ciments de Portland, de Boulogne, de Vassy, de Grenoble ou autres quelconques, pourvu qu'ils soient de bonne qualité, donne des résultats inouïs, inconnus jusqu'à ce jour.

Les ciments agissent de deux manières : comme absorbants énergiques, jouant ainsi, à ce point de vue, le même rôle que les pouzzolanes ; et comme chaux surhydraulique, donnant au béton un liant, une plasticité que ne leur donne pas la pouzzolane, et d'où résultent une agglomération plus facile et une cristallisation plus énergique, en même temps que la prise même de ce ciment vient s'ajouter à la prise de la chaux de manière à en décupler, à en centupler peut-être en certains cas la rapidité et l'intensité.

L'emploi des ciments est d'autant plus remarquable et important que les quantités à introduire sont beaucoup moins considérables que par les procédés ordinaires, réduction qui provient des mêmes causes qui nous ont permis de réduire des deux tiers la quantité de chaux employée; en conséquence, au lieu d'employer un volume de ciment égal à celui du sable, ou égal à la moitié de ce volume, comme il est d'usage par les procédés ordinaires, nous n'introduisons de ciment dans le béton qu'un quarantième, un trentième, un vingtième de son volume, et pourtant, malgré ces faibles quantités, on obtient des prises rapides et intenses, et quelques jours suffisent pour donner la dureté de la pierre la plus dure et la résistance aux intempéries.

Si nous portons l'introduction du ciment au dixième du volume du béton, nous obtenons à bref délai la dureté du granit et nous pouvons aborder le problème du bétonnage des chaussées.

La puissance de prise qui résulte de l'introduction d'une si faible quantité de ciment s'explique par des causes tout à fait analogues à celles d'où provient la bonté des bétons agglomérés à base de chaux seule.

En effet, si dans un béton à base de chaux obtenu à l'état de fermeté la plus convenable pour être aggloméré, état qui donne à la chaux une intensité et une énergie de prise dont les procédés ordinaires n'approchent pas, on ajoute un excédant de ciment, c'est-à-dire de chaux surhydraulique, ce ciment, délayé, trituré par un broyage énergique, ne se trouvant pas en contact avec un excès d'eau, au lieu de former, comme d'usage, une bouillie claire, presque liquide, se trouvera dans un grand état de fermeté; ses molécules, rapprochées par l'élimination de l'eau, par une trituration parfaite, par une agglomération énergique, cristalliseront, comme la chaux, avec une prodigieuse énergie : seulement, la force de cristallisation, de prise propre au ciment, venant s'ajouter à celle déjà si considérable de la chaux, donnera une prise totale dont la rapidité et l'intensité seront, nous le répétons, cent fois plus grandes en certains cas que celles des meilleurs bétons de chaux préparés suivant les procédés ordinaires.

Avant d'être parvenu à bien connaître le véritable rôle des matières pouzzolaniques et le mode le plus convenable d'extinction de la chaux en poudre; avant d'avoir trouvé le moyen le plus simple d'employer les ciments à la dose à laquelle il faut les employer, il nous a fallu des années d'expériences ; mais, ce qui nous a donné le plus de peine, de travail et de déception, a été de trouver les appareils les plus convenables pour opérer la trituration de matières presque sèches, et par conséquent résistantes, et surtout le mode de trituration qui nous permît, sans addition d'eau, d'obtenir des bétons dans un état de parfaite homogénéité de la pâte, tout en conservant une plasticité et une fermeté suffisantes.

Pendant huit ans nous avons lutté contre cette difficulté, et nous ne l'avons enfin vaincue que dans ces derniers temps, et grâce au concours de M. Franchot, ingénieur civil, bien connu par ses travaux, et qui a bien voulu nous aider de sa collaboration.

Au début nous avons employé le broyeur Schlosser, lequel a été suffisant tant que nous avons employé la

cendre de houille et que nous n'avons bâti que des maçonneries grossières; par ce broyeur et avec la force
d'un cheval, nous avons obtenu cinq ou six mètres cubes
par jour d'un béton passablement bien mélangé. Mais
aussitôt que nous avons employé le sable beaucoup plus
fin que la cendre, et que nous avons cherché à réduire
les quantité d'eau, la perfection du broyage est devenue
beaucoup plus difficile, et les quantités obtenues ont été
considérablement réduites.

Avec le sable nous étions toujours entre deux écueils:
si nous maintenions une humidité assez grande pour
permettre un mélange et un broyage faciles, nous obtenions un béton trop mou, difficile à agglomérer, et par
conséquent une maçonnerie de qualité médiocre; si, au
contraire, nous réduisions l'eau de manière à obtenir le
béton au degré de fermeté le plus convenable pour l'agglomération, les matériaux trop secs exigeaient une force
excessive pour obtenir peu de résultats, et le plus souvent le mélange se faisait mal, et l'on n'obtenait, au lieu
d'un béton homogène en pâte plastique, qu'une poudre
presque sèche, non agglomérable.

Avec ce béton de sable, quand il se trouvait de fermeté convenable, un fort cheval tirant cent kilogrammes
ne nous donnait, avec le broyeur Schlosser, que deux ou
trois mètres cubes par jour de béton mal trituré, et avec
une locomobile de douze chevaux, nous en obtenions à
peine huit ou dix mètres cubes.

Cela provenait de ce que les organes intérieurs de ce
broyeur étaient mal disposés pour ce rude travail, et
qu'il n'avait que deux issues à la partie inférieure, de
telle sorte que le béton se comprimait entre les parois

pleines, formant un frein d'une puissance telle, que bien des fois nous avons brisé les machines.

Nous avons résolu le problème, en tant que force, en supprimant les parties pleines, et en établissant à la partie inférieure une issue continue, par laquelle le béton est constamment expulsé, au moyen de branches en forme cycloïdale.

Par ce moyen, le béton, ne trouvant plus de parties pleines, ne se comprime plus contre elles, il fuit toujours devant l'expulsion; au moyen de cette amélioration la dépense de force a été réduite dans une énorme proportion, tout en augmentant de beaucoup la production du béton.

Un broyeur Schlosser produisait à peine trois mètres cubes, avec un effort de traction permanente de cent kilos, tandis qu'avec le broyeur à issue continue, en ne dépensant qu'une force de traction de soixante-dix kilos, c'est-à-dire la force d'un cheval de moyenne grandeur, on obtient, non pas trois mètres, mais douze ou quinze.

La même locomobile, qui ne produisait que huit ou dix mètres, en produit, tout en employant un tiers de moins de force, quatre-vingts ou cent mètres.

Mais l'utilisation de la force n'étant qu'un des côtés du problème, il fallait encore obtenir l'homogénéité, la plasticité, tout en conservant la fermeté, et pendant longtemps tous les efforts ont échoué.

En effet, si l'on jetait pêle-mêle, dans le broyeur, de la chaux en pâte très-ferme, de la terre cuite ou du ciment, et toute la proportion du sable qu'on avait à employer; si ce sable n'avait que l'humidité nécessaire pour obtenir un béton ferme, la chaux, au lieu de lubrifier le sable, se pelotonnait, se roulait dans la poussière sèche de la terre cuite et du ciment, se logeait dans les interstices du sable, et, malgré un broyage énergique et même plusieurs fois répété, on n'obtenait encore que du béton en poudre non agglomérable.

Si on y ajoutait de l'eau pour l'obtenir à l'état plastique, il devenait trop mou.

Nous avons pris le parti d'opérer la trituration du béton en deux broyages :

Dans le premier nous introduisons toute la chaux, toute la terre cuite et une ou deux parties de sable seulement; dans ce premier broyage, la chaux, quoique très-ferme, étant en quantité considérable par rapport à la terre cuite et au sable, conserve sa plasticité et lubrifie complétement et facilement le sable.

Alors, dans un second broyage, nous mélangeons le mortier obtenu du premier broyage avec le reste du sable, mélange qui se fait de la manière la plus intime et la plus facile et qui donne un béton homogène et ferme quoique plastique.

Cette nécessité de deux broyages distincts nous a conduit à monter des appareils de deux broyeurs conjugués, mus par la même force; nous en avons qui, avec un seul cheval, donnent un mètre cube par heure de béton aggloméré broyé deux fois.

Le procédé des bétons agglomérés a été fondé pratiquement le jour où, par le double broyage et par la meilleure utilisation de la force, nous avons obtenu dix mètres de maçonnerie par jour pour la force d'un cheval, faite avec des bétons très-fermes et parfaitement homogènes.

Reste l'agglomération.

Si l'on enlève le béton au sortir du broyeur, si on le porte dans le moule que l'on veut remplir, qu'on l'y étale par couches minces et successives, et que chaque couche de deux centimètres à peine d'épaisseur soit vigoureusement pilonnée, l'agglomération s'exerçant sur un béton ferme et plastique, le durcira, le serrera, le tassera, le feutrera par le choc, tous les vides disparaîtront, l'on obtiendra une masse compacte, résistante, tellement dense, qu'elle deviendra sonore sous le choc du pilon.

Lorsque ce moule sera rempli de ce béton plastique, ferme et aggloméré, on le démontera immédiatement, pour le porter plus loin et le remplir de nouveau, et le bloc qui restera, quoique humide et même avant tout commencement de prise, sera assez ferme, assez résistant pour conserver la forme qu'il aura reçue par le moule sans aucune déviation, et pour supporter des poids assez considérables.

La bonté des bétons dépendant, ainsi que nous venons de le voir, presque en totalité de l'agglomération, tous les soins doivent tendre à la rendre de plus en plus facile et parfaite et à éloigner toutes les causes qui pourraient lui nuire : or, nous avons déjà vu que, pour arriver à la perfection d'agglomération, il fallait éliminer tout excès d'eau, obtenir les bétons en pâte très-ferme et complétement homogène au moyen d'un double broyage et de machines perfectionnées; dans le même but, il faut aussi proscrire l'introduction de cailloutis et de pierrailles dans les bétons agglomérés, quoique cette pratique soit généralement admise et professée pour les bétons ordinaires.

Dans les bétons ordinaires, trop mous, presque fluides, on introduit des cailloutis, des pierrailles, dans le double but d'obtenir une économie, les cailloutis coûtant moins cher que le béton, dans lequel ils occupent de la place en augmentant le volume, et de maigrir le béton, de diminuer sa tendance aux retraits, aux fissures, aux gerçures, et enfin de donner à la prise des points d'appui multipliés.

Dans la pratique ordinaire, l'introduction des cailloutis et pierrailles est donc favorable.

Mais elle serait complétement nuisible avec les bétons agglomérés : en premier lieu et dans des cas nombreux, le cailloutis coûte aussi cher que la pâte d'un béton n'ayant qu'un dixième de son volume de chaux, et c'est le cas le plus fréquent pour les bétons agglomérés ; donc la présence de cailloutis ne donnerait pas d'économie ; en second lieu, ce qui est plus important, le cailloutis, étant plus volumineux que les autres matières qui entrent dans le béton, recevrait seul le choc du pilon, tandis que la pâte, se glissant dans les interstices des cailloutis, y échapperait presque complétement, de telle sorte que, par insuffisance d'agglomération, des bétons préparés par les procédés que nous préconisons, dans lesquels on introduirait des cailloutis, demeureraient spongieux, absorbants, gélifs, et, s'ils étaient destinés à des travaux d'hydraulique, ils laisseraient filtrer l'eau.

La pâte des bétons à agglomérer doit être composée de menus matériaux de grosseur à peu près égale et régulière : tel est le sable de rivière, par exemple, que nous prenons pour type, de telle sorte qu'en versant le mélange dans le moule par couches d'un centimètre, le choc du pilon ne frappe qu'une pâte bien homogène, au lieu de frapper le sommet de quelques pierres s'il s'en trouvait.

En résumé, par les procédés que nous venons d'indiquer, en ayant le soin attentif d'éteindre la chaux avec une quantité d'eau moindre que celle ordinairement employée ; en introduisant dans le béton une quantité de matière pouzzolanique sèche et en poudre, proportionnelle à l'humidité du sable et à l'eau à éliminer, quand il ne s'agit que de maçonneries ordinaires ; ou bien en remplaçant tout ou partie de cette pouzzolane par du ciment, lorsqu'on veut obtenir une prise plus rapide et plus intense ;

En opérant en deux fois le mélange de ces matières diverses, par un double broyage parfait et énergique ;

En n'introduisant dans le béton que des matériaux de grosseur presque uniforme, des sables et non du gravier ni du cailloutis ;

En opérant sur un béton ainsi préparé et à l'état de pâte plastique, très-ferme et très-homogène, une vigoureuse agglomération produite par le choc d'un corps dur et pesant, s'exerçant sur des couches minces et successives de béton,

On obtiendra finalement, dans tous les cas, avec toutes les chaux, tous les sables, tous les ciments, toutes les pouzzolanes, des résultats de dureté et de prise qui dépasseront tout ce que l'on pourrait imaginer.

Ces résultats se produiront sur tous les bétons, quels que soient les matériaux que l'on ait employés, aussi bien avec les chaux et sables les plus communs, les moins bons, qu'avec les chaux et les sables les meilleurs.

Avec les plus mauvaises chaux hydrauliques, et même avec la chaux grasse et le plus mauvais sable, même avec le sable marneux, du béton tenu bien ferme, bien mélangé et bien broyé, et bien aggloméré, donnera une maçonnerie qui aura une prise assez intense et assez énergique pour que chaque jour, si on bâtit à l'air en élévation, on puisse élever sur une partie moulée de la veille un mur d'un mètre de hauteur, c'est-à dire qu'en vingt jours on pourrait élever un mur de vingt mètres de hauteur.

Ou bien, s'il s'agit de maçonnerie hydraulique destinée à supporter la pression des eaux ou leur courant, trois ou quatre jours suffiront pour donner une résistance assez grande, tandis qu'avec des bétons ordinaires, à supposer que l'on pût les employer, il faudrait, même avec les meilleures chaux, quinze jours, un mois peutêtre et plus, pour pouvoir élever une seconde assise d'un mètre sur une première déjà précédemment bâtie; il leur faudrait des mois entiers pour résister à la pression des eaux, ou à leur courant, à supposer qu'ils pussent résister même après ce terme, ce qui est plus que douteux.

Un mois après leur mise en place, ces bétons agglomérés, quoique composés de mauvais matériaux, seraient déjà durs comme la bonne pierre et capables de résister aux gelées, tandis que les bétons ordinaires, quoique composés des meilleurs matériaux, demeureraient à jamais légers, friables, spongieux, gélifs, et leur dureté n'approcherait jamais de celle de la pierre.

Mais si, au lieu de s'exercer sur de mauvais matériaux, l'agglomération s'exerce sur des bétons composés de sable de rivière et de bonne chaux hydraulique, bien fermes, bien broyés, bien préparés, en un mot, c'est-à-dire avec une introduction de matières pouzzolaniques convenable, la prise commence dès la première heure; elle est telle que, sans aucune crainte, il est possible de décintrer, vingt-quatre heures après la confection, des arcs de voûte surbaissés, de plusieurs mètres de portée, sans qu'il se produise aucun mouvement, aucune fissure.

Cette maçonnerie, en moins de huit jours, ne craindra plus rien des gelées; elle sera dense, imperméable, et deviendra bientôt aussi dure que les plus durs calcaires.

Les résultats seront bien plus remarquables encore, si l'on remplace les pouzzolanes par de bon ciment : alors la prise sera tellement énergique et prompte, que des trottoirs pourront être livrés dans les vingt-quatre heures à la circulation, et des chaussées en moins de quinze jours aux voitures.

C'est-à-dire que, grâce à la bonne préparation, à l'agglomération, un béton composé de sable et de chaux, et dans lequel on aura introduit une très-faible quantité de ciment, quoique à base de chaux, aura une prise plus rapide que celle d'un béton de ciment pur, où le ciment entre pour un tiers du volume; mais encore cette prise augmentera avec une telle promptitude et une telle énergie, qu'au bout de cinq à six jours elle dépassera de beaucoup celle du ciment pur, même le meilleur.

Cela se conçoit facilement; lorsqu'on emploie le ciment le meilleur d'après les procédés ordinaires, on le mélange avec une, deux ou trois fois son volume de sable, on le délaye dans l'eau de manière à en former une bouillie claire, semi-liquide, que l'on étend ensuite à la truelle, s'il s'agit de dallage.

Un béton de ce genre, quoique ayant pour base les meilleurs ciments, contient toujours une grande quantité d'eau qui, ainsi que nous l'avons vu, ralentit, diminue la rapidité et l'intensité de la prise ; cette eau, en s'évaporant, laisse des vides qui donnent un béton spongieux, et ce béton, chargé d'un excès de ciment, ne peut se dessécher sans qu'il ait de nombreux retraits et des fissures.

Avec les bétons agglomérés, les choses ne se passent pas ainsi ; introduits dans un béton privé d'excès d'eau, broyés avec l'énergie et la perfection nécessaires par des machines convenablement appropriées, les ciments, intimement mélangés avec les autres matériaux, n'ont plus leurs molécules éloignées par la présence d'un excès d'eau, et la prise de ces ciments devient d'autant plus énergique que, par un pilonnage vigoureux et exercé sur des couches de béton fermes et minces, les molécules à juxta-position acquièrent une faculté de cristallisation dont la puissance se trouve plus que décuplée.

Telle est la raison pour laquelle un béton à base de chaux, et ne contenant qu'un seizième, un vingtième de ciment, deviendra plus dur qu'un béton à base de ciment pur, alors même que le volume de ce ciment serait égal à celui du sable.

Si, au lieu d'un vingtième de ciment, on en introduisait un dixième, un huitième, l'intensité de la prise serait élevée au centuple peut-être, et alors la dureté égalerait celle du granit, et l'on pourrait faire des chaussées à voitures assez résistantes pour remplacer le macadam et le pavage.

Le mode de préparation que nous venons d'indiquer et l'agglomération déterminent une telle puissance d'effets, des résultats de prise tellement considérables, que, ainsi que nous l'avons déjà dit, la seule cause de la bonté des bétons ordinaires, à savoir, la bonne qualité des chaux et des ciments, devient à peu près insignifiante, à ce point que l'on peut admettre que par ce procédé toutes les chaux hydrauliques, tous les ciments, même les plus médiocres, sont également bons.

C'est ainsi, par exemple, que, si l'on fait des maçonneries, des dallages avec des bétons agglomérés ayant pour base diverses chaux hydrauliques, telles que chaux d'Argenteuil, du Raincy, de la Mancelière, d'Echoisy, du Theil, c'est-à-dire une série de chaux partant des plus ordinaires pour s'élever aux plus renommées, aux plus coûteuses, en y introduisant toutefois la même dose d'un même ciment, on pourra constater que, pourvu que d'ailleurs les conditions de fermeté, de broyage et d'agglomération soient égales, il n'existe entre ces chaux aucune différence bien appréciable ; toutes donnent une dureté égale, et c'est à peine s'il existe entre elles, dans la rapidité de la prise, une différence de quelques jours ; au bout de fort peu de temps il est à peu près impossible de trouver aucune différence, tous ces bétons à base de chaux diverses, en moins de huit jours, étant également durs, imperméables et insensibles aux gelées.

Cette égalité de prise de toutes les chaux hydrauliques est la raison pour laquelle, avec nos procédés, toutes les chaux hydrauliques sont bonnes à la mer, tandis qu'aujourd'hui, par les procédés ordinaires, une seule chaux, la chaux du Theil, peut résister à son action dissolvante, si toutefois elle lui résiste, tandis que, par l'agglomération, toutes les chaux hydrauliques résistent d'une manière absolue.

A propos de chaux du Theil, l'on attribue en général son énergie de prise et sa résistance à la mer à sa composition chimique, à la présence d'une quantité de silice plus grande que dans les autres chaux. Sans vouloir nier cette propriété d'une manière absolue, nous sommes beaucoup plus porté à croire que cette prise et cette résistance proviennent de son état physique moléculaire, en ce sens que cette chaux, lorsqu'elle est éteinte en poudre, sous un volume donné, est de moitié plus lourde que toutes les autres chaux : un hectolitre de chaux du Theil, éteinte en poudre, pèse soixante-quinze kilogrammes, tandis que les autres chaux pèsent cinquante kilogrammes.

Or, comme dans les bétons ordinaires la chaux s'emploie au volume et non au poids, il en résulte que dans la confection d'un béton, quand on se sert de la chaux du Theil, on en introduit, sous un volume égal, la moitié de plus que si l'on employait une chaux ordinaire ; on conçoit donc qu'un béton qui contient cinquante pour cent de chaux de plus qu'un autre soit meilleur, d'autant plus que cette chaux, occupant un volume moindre, puisqu'elle a un plus grand poids, doit avoir une prise plus énergique, les molécules étant plus rapprochées.

Et comme preuve à l'appui de ce que nous avançons, nous répéterons que si, au lieu de doser la chaux en

volume, on la dose au poids, et que l'on soumette les
bétons obtenus à la préparation, à l'agglomération que
nous indiquons, les avantages de la chaux du Theil dis-
paraissent en partie, du moins sa supériorité est grandement réduite, le dosage au poids rétablit l'équilibre, et
l'on peut reconnaître qu'à poids égal, avec les chaux
hydrauliques les plus vulgaires, on peut obtenir à peu
près d'aussi bons bétons qu'avec la chaux du Theil, ou
du moins, s'il y a une différence, elle est presque insai-
sissable ; résultats précieux surtout pour les travaux à
la mer qui, exigent toujours les chaux et les ciments de
qualité supérieure, qui se trouvent le plus souvent à des
distances telles que les prix de transport doublent et tri-
plent la dépense.

Le même effet se produit pour les ciments, pourvu que
ces ciments soient de même nature et bien fabriqués.
Nous entendons par : de même nature, que les ciments
essayés seront tous lourds ou tous légers.

Les ciments lourds à prise lente sont préférables, car
la prise des ciments légers est tellement rapide qu'on a
à peine le temps de les employer.

Or, entre les divers ciments lourds, la seule différence que nous ayons pu trouver entre eux, en supposant
des conditions, un dosage égal pour tous, et l'emploi de
la même chaux, s'est manifestée dans une différence d'un
jour ou deux entre eux,

Les meilleurs ciments ayant au bout de trois jours
une dureté que les moins bons n'avaient qu'au bout de
quatre ; mais dix ou quinze jours après leur confection, il
devient à peu près impossible de trouver entre eux aucune
différence.

Ce double fait prouve que la fermeté des bétons, leur mélange intime et l'agglomération jouent, dans la dureté et la résistance finale des bétons agglomérés, un rôle infiniment plus important que la faculté initiale de prise des chaux et ciments, le seul élément pourtant sur lequel 'les constructeurs peuvent compter par l'emploi des moyens ordinaires.

Cette puissance de l'agglomération ne se fait pas sentir seulement sur le premier degré de prise initiale des bétons, provenant de la cristallisation propre aux chaux hydrauliques et aux ciments; ses effets se font sentir bien plus encore sur les trois autres causes de durcissement.

Ainsi, lorsqu'un béton bien aggloméré, lourd, dense, compacte, sans vides, se dessèche, on conçoit que la chaux, étant tassée, feutrée par l'agglomération, aura une cristallisation beaucoup plus intense que par les procédés ordinaires, où après la dessiccation les molécules de chaux seront quelquefois tellement éloignées, qu'aucune cristallisation ne pourra se produire : aussi un bon béton, bien aggloméré, déjà si dur par la simple prise moléculaire des chaux et ciments, verra-t-il augmenter cette dureté, par la simple dessiccation, dans une énorme proportion.

Ce durcissement sera bien plus grand, plus excessif encore, lorsque la chaux, déjà si rapprochée par l'agglomération, verra augmenter son poids, sa dureté, son énergie cristalline, par l'effet de l'absorption de l'acide carbonique de l'air.

Lors donc que les brouillards, les eaux pluviales, viendront atteindre un béton aggloméré, la chaux qu'il contient, absorbant un poids égal au sien d'acidecarbonique, acquerra une densité beaucoup plus grande, et une compacité telle que les parties carbonatées deviendront imperméables, à ce point, quand il s'agit de bétons bien préparés, qu'une fois que la surface est carbonatée, l'humidité ne pénètre plus à l'intérieur, ce qui est le moyen assuré d'une durée éternelle pour les bétons.

C'est ce qui fait que les toits en terrasses, les trottoirs, les chaussées, les bétons à la mer, étant imperméables, ne peuvent être ni désagrégés ni dissous.

Si l'absorption de l'acide carbonique produit des effets si énergiques, à plus forte raison les obtiendra-t-on par les incrustations de bicarbonate de chaux, qui nonseulement apporteront l'acide carbonique nécessaire à la carbonatisation de la chaux, mais encore laisseront à l'état naissant, des carbonates de chaux cristallisés qui donneront aux bétons agglomérés la densité et la dureté presque absolues qui les distinguent, en fort peu de temps, à ce point qu'un bon béton de trois mois peut devenir plus dur que le meilleur béton romain de deux mille ans.

Un béton de simple chaux hydraulique ordinaire, sans ciment, est dix fois plus dur que le meilleur béton fait d'après les procédés ordinaires, eût-il cent ans d'âge.

Ces trois causes de durcissement, la dessiccation, la carbonatisation, l'incrustation, qui au lieu d'améliorer le béton ordinaire produisent souvent sa destruction, contribuent donc pour beaucoup au durcissement final des bétons agglomérés.

Tout béton qui, par l'absence d'excès d'eau, par un

broyage parfait, par une complète agglomération, aura eu une prise initiale, moléculaire, énergique, acquierra nécessairement à la longue, par les causes de durcissement que nous avons énumérées, une dureté et une résistance vraiment prodigieuses.

Mais ce durcissement des bétons agglomérés, résultant de la dessiccation, de la carbonatisation, de l'incrustation, sera d'autant plus rapide et intense qu'au début la prise initiale des bétons aura été plus énergique.

Or, tous les praticiens savent que la température joue un rôle très-important dans la rapidité et l'intensité de la prise des bétons; il est bien généralement connu que la prise des mortiers, des bétons, des chaux et des ciments est beaucoup plus rapide, beaucoup plus énergique en été qu'en hiver, condition de sécheresse à part.

D'un autre côté, ayant eu souvent l'occasion d'observer que la chaleur de la vapeur ou d'un foyer activait considérablement la prise, tout en augmentant la dureté, nous avons dû conclure que, pour obtenir la prise initiale la plus vigoureuse, il fallait soumettre les bétons agglomérés à la chaleur, de manière à élever considérablement leur température.

La différence moyenne de vingt-cinq degrés de chaleur qui existe entre l'été et l'hiver donnant des résultats aussi frappants que ceux que l'on constate tous les jours, il y avait lieu de croire qu'une température de cinquante, soixante, quatre-vingts degrés en produirait une plus considérable encore.

Cet espoir n'a point été déçu.

Nous avons soumis le béton, au moment du broyage,

à une chaleur assez élevée pour le porter jusqu'à cent
degrés environ ; nous l'avons employé, aggloméré, pendant qu'il conservait encore cette température, et, à
notre grande satisfaction, nous avons pu reconnaître que
l'analogie ne nous avait point trompé ; et plus tard, avec
douze degrés de froid, nous avons pu faire des trottoirs et
chaussées ayant une prise tellement rapide qu'en vingt-
quatre heures nous avons obtenu une dureté aussi grande
que nous avions l'habitude de l'avoir au bout de quinze
jours. Par l'emploi de la chaleur, nous avions activé la
prise des quatorze quinzièmes ; non-seulement la prise
était activée, mais encore elle était en même temps rendue plus intense ; la cristallisation de la chaux, rendue
plus complète, plus énergique, donnait des bétons agglomérés de teinte noire, translucide, ayant une apparence
de silex, tandis qu'à froid, le même béton, composé des
mêmes matériaux, ne donne qu'un béton moins coloré,
plus blanchâtre, sans transparence, ce qui est l'indice
que la chaux est moins bien cristallisée.

Cette intensité, cette activité de prise, cette énergie
de cristallisation des chaux et ciments, portée au maximum par l'introduction de la chaleur, nous a enfin donné
la solution cherchée si longtemps du problème redou-
table des chaussées.

Pour obtenir des chaussées suffisamment résistantes,
les bétons doivent être assez durs pour supporter le
roulement quotidien de milliers de voitures, l'écrase-
ment, le pivotement de chars portant des poids énormes
de dix, de quinze mille kilogrammes, sans subir aucune
détérioration.

Par l'emploi de bons matériaux, et par un travail

très-perfectionné, nous avions déjà obtenu, depuis longtemps, mais en plein été, des chaussées qui depuis deux
ans et plus supportent une circulation quotidienne active de voitures très-lourdes, sans que ce mouvement
considérable ait produit aucune espèce de détérioration ;
tandis qu'en plein hiver, par la paresse de la cristallisation de la chaux, il nous fallait attendre des semaines
pour obtenir le même résultat.

Ce retard de prise causé par le froid, en ce qui concerne les villes surtout, devant suspendre trop longtemps
la circulation, aurait pu rendre presque impraticable
l'emploi des bétons agglomérés, pour la confection des
chaussées,

Tandis que cette prise, prodigieusement activée par
la chaleur, peut permettre de livrer les trottoirs à la circulation dans les vingt-quatre heures, même en hiver
(plus promptement que l'asphalte), et les chaussées au
bout de huit jours.

Cette influence remarquable de la chaleur sur la prise
des bétons peut, en certains cas urgents, dans les travaux hydrauliques, à la mer ou sur terre, permettre
de livrer les bétons à très-bref délai à des atteintes
auxquelles ils n'eussent pu résister s'ils avaient été
agglomérés dans les conditions ordinaires de température.

L'emploi de la chaleur a un autre avantage très-important : il peut permettre de bâtir même en plein hiver, avec
les froids les plus rigoureux ; en effet, si l'on élève à l'air un
mur en béton aggloméré, et que ce béton, au moment
où on le verse dans le moule pour être aggloméré, ait
une température de soixante à quatre-vingts degrés, la

maçonnerie que l'on obtiendra conservera longtemps une température plus élevée que l'air ambiant; et si l'on a le soin, au sortir du moule, de la couvrir d'une toile goudronnée qui empêche la circulation de l'air, ou mieux encore, d'une couverture de laine qui laisse échapper les vapeurs tout en empêchant un refroidissement rapide, en vertu de la prise énergique d'un béton ainsi échauffé, le mur, en vingt-quatre heures, sera devenu assez dur pour n'avoir plus rien à craindre des gelées.

Résultat considérable, important pour l'avenir des constructions de bétons agglomérés, car l'une des plus graves objections que soulevait leur emploi était le danger que faisaient courir les gelées, et les pertes de temps qui devaient en résulter. Cette objection ne peut plus exister; et bien loin d'être obligé de suspendre les travaux de béton aggloméré à l'approche de l'hiver, ce mode de bâtir pourra être en pleine activité, pendant que, par les procédés ordinaires, le mortier gelant, la confection de la maçonnerie de pierres et de briques sera interrompue.

Après avoir reconnu l'influence de l'élimination de l'eau, d'une trituration parfaite, de l'agglomération et de l'emploi de la chaleur, et quoique cette influence se produise sur tous les bétons sans exception, quels que soient du reste les matériaux qui les composent, nous ne pouvons terminer notre travail sans appeler fortement l'attention sur le rôle important que peut jouer la nature des sables dans la rapidité et l'intensité de la prise initiale des bétons agglomérés, et dans leur dureté finale.

Ce rôle que jouent les sables dans la dureté finale des bétons mérite toute l'attention des hommes de l'art.

La bonté des sables est proportionnelle, en général, à la grosseur et à la régularité de leurs grains.

Les bétons à base de sables gros sont bien plus durs que ceux à base de sables fins, et la prise initiale de la chaux beaucoup plus énergique.

Si, comme on l'a cru pendant longtemps, la dureté des bétons était le résultat d'une combinaison chimique, le contraire eût dû se produire : du sable fin, offrant plus de surface, étant plus divisé, aurait dû donner plus de dureté, ce qui n'est pas.

Mais, si l'on admet que la prise des chaux est une cristallisation, on concevra de suite que, pourvu que cette cristallisation ne soit pas paralysée par la présence d'un excès d'eau, ainsi qu'il arrive toujours dans les procédés ordinaires, elle sera d'autant plus énergique que les grains de sable, étant plus gros, laissent entre eux des interstices plus accusés, dans lesquels la chaux moins divisée se glisse et cristallise ; tandis qu'avec les sables fins, la chaux est tellement divisée, délayée, que la cristallisation en est interrompue et qu'elle se produit avec moins d'énergie ; en outre, avec de gros sables qui présentent moins de surface que les sables fins, la quantité de chaux libre par rapport à ces surfaces est beaucoup plus considérable pour les sables gros que pour les sables fins.

Telle est la raison pour laquelle la qualité des sables joue dans la dureté finale des bétons agglomérés un rôle bien plus influent que la plus ou moins bonne qualité des chaux et des ciments ; car, avec de bon sable de rivière et de la chaux médiocre, on obtiendra de très-excellent béton, tandis qu'avec la meilleure chaux, mais avec du sable de qualité inférieure, on n'aura que de la maçonnerie de médiocre qualité relativement à celle ayant pour base le sable de rivière ; avec de bons matériaux, disons-nous, l'on obtiendra la dureté la plus excessive, dureté qui, lorsque la pâte des bétons aura été bien préparée, triturée, agglomérée ; lorsqu'elle aura été employée à chaud, lorsque enfin, à la suite du temps, elle aura pu subir l'influence de la dessiccation, de la carbonatisation, de l'incrustation, elle s'élèvera jusqu'à égaler celle du granit et même du porphyre.

Pouvant s'exercer sur tous les matériaux, le procédé que nous préconisons, et au moyen duquel on peut obtenir toutes les duretés de pierre, embrasse évidemment l'art de bâtir dans toute son étendue.

S'appliquant à tous les matériaux, il permet, en commençant au plus bas degré de l'échelle, de substituer au sable la terre argileuse commune que l'on trouve partout, laquelle, jouant le rôle du sable et étant mélangée intimement avec la chaux, et ensuite bien triturée et bien agglomérée, donne un pisé hydraulique qui en peu de semaines acquiert à l'air la dureté de la pierre, l'imperméabilité et une résistance complètes, soit à l'action des eaux pluviales, soit aux gelées.

Avec huit hectolitres de terre argileuse commune et un hectolitre de chaux en pâte, l'on obtient un excellente pisé hydraulique, fort peu coûteux, qui remplacerait bien avantageusement le pisé de terre ordinaire, dont l'usage est encore malheureusement si généralement répandu.

Mais avec un mélange de

Sable	9
Terre cuite	1
Chaux en pâte	1

on obtiendra d'excellente maçonnerie pour murs de clôture, bâtiments agricoles, manufactures, murs de soutenement, grosse maçonnerie courante.

Avec sable	7
Terre cuite	1
Chaux en pâte	1

on obtiendra d'excellente maçonnerie hydraulique, dense, dure, imperméable, pouvant servir à la construction des murs en élévation, des habitations, des travaux d'hydraulique, des citernes, réservoirs, digues, barrages, pour tous travaux, en un mot, qui, tout en exigeant de grandes résistances, une grande dureté, ne les exige-raient pas à très-bref délai.

Si, à la dernière dose que nous venons d'indiquer, on ajoute un trente-sixième de ciment, l'on obtiendra une maçonnerie dont la bonté finale ne sera pas beaucoup meilleure, mais dont la prise sera déjà considérablement activée.

Si on ajoute un quinzième, la prise sera énergique, intense, assez grande pour que cette maçonnerie soit parfaitement résistante à la mer, aux plus violents cou-rants d'eau ; assez dure pour que par ce moyen l'on puisse faire d'excellents trottoirs.

Avec un dixième de ciment, si l'on a employé de bons matériaux, on obtiendra le maximum possible d'in-tensité de prise, prise si puissante, si énergique que par

ce moyen l'on pourra faire des chaussées, tandis que,
par les procédés ordinaires, avec

Sable   7
Terre cuite   1
Chaux en pâte   1
Ciment   1

on n'obtiendrait que des mortiers qui, loin de pouvoir
résister au roulement des voitures, loin d'être imperméables, loin de résister aux gelées, seraient légers,
friables, absorbants, gélifs, et incapables de résister à
aucune atteinte.

Puisque, ainsi que nous venons de le voir, selon les
matériaux dont on peut disposer, mais bien plus encore
selon le but qu'on se propose, on peut obtenir ou une
maçonnerie qui, composée d'un simple mélange de
huit à dix parties de sable, et une de chaux en pâte,
coûterait nécessairement très-bon marché, ou une maçonnerie plus coûteuse si elle a pour base des chaux et
ciments de premier ordre, mais qui alors atteindrait
une dureté prodigieuse, d'autant plus supérieure à la
maçonnerie de pierres de taille même, qu'elle serait
obtenue, à l'état monolithique, sans joints par lesquels
périssent toujours les maçonneries ordinaires ; au moyen
des bétons agglomérés, disons-nous, on embrasserait donc
tout le champ de l'art de construire, et soit par le bon
marché, tout en conservant une solidité exagérée, ou
par l'extrême solidité, tout en conservant un bas prix
excessif, il n'y a rien qui se fasse ou se puisse faire
en maçonnerie de moellons, de briques ou de pierres de
taille, qui ne pourrait se faire avec beaucoup plus d'avantages par l'emploi des bétons agglomérés.

C'est ainsi que l'agriculture pourrait tirer de cet emploi des conditions nouvelles de bien-être, de propreté, de sécurité, et partant de moralité générale ; en effet, et en y utilisant ses propres forces, tout agriculteur pourrait se construire à peu de frais une habitation confortable, agréable à l'œil, saine, chaude en hiver, fraîche en été ; aux murs de torchis, toujours percés à jour, toujours hideux à voir, à l'extérieur comme à l'intérieur ; au pisé toujours prêt à être délayé par les pluies ou les inondations, il substituerait une maçonnerie de bétons agglomérés, au moyen de laquelle il n'aurait rien à craindre des intempéries ; il acquerrait la sécurité la plus complète, puisque les planchers et la toiture, en forme de voûte ou de terrasse, étant en béton sans aucun bois, ses habitations seraient désormais incombustibles ; ce qui, on le conçoit, délivrerait les cultivateurs des dangers d'incendie toujours menaçants, qui ne les quittent jamais, grâce à leurs murs de branchages et à leurs toits de chaume.

En même temps qu'il acquerrait la sécurité, puisqu'il n'aurait plus rien à craindre ni de l'incendie ni des inondations, l'agriculteur trouverait, dans l'emploi des bétons, la salubrité et la propreté, et par là un sentiment plus élevé de la dignité humaine ; car, au lieu de coucher sur la terre, où nul plancher, nul carrelage, ne permet actuellement d'entretenir cette propreté, le sol des habitations agricoles serait recouvert d'une couche mince de béton, formant un dallage monolithique ; les murs, blanchis à la chaux, viendraient égayer l'œil, en remplaçant les torchis grossiers, les poutres enfumées et le chaume. Au dehors, la propreté régnerait comme à l'intérieur ; les environs, les cours seraient également dallés en béton, non pas seulement pour éviter les cloaques permanents d'immondices dont la plupart des habitations agricoles sont aujourd'hui entourées, mais pour recueillir soigneusement tous les engrais liquides aujourd'hui perdus, et source permanante d'insalubrité, qui se rendraient dans une fosse à purin construite en bétons agglomérés ; conservation précieuse qui augmenterait la richesse publique par des récoltes plus abondantes, richesse qui s'accroîtrait encore par la construction d'écuries, de caves, celliers, granges, fenières, le tout encore en béton, dans lesquelles les animaux vivraient dans un plus grand état de salubrité, en même temps que la conservation des récoltes serait plus complète et plus facile.

Les bétons agglomérés, par leur imperméabilité, par leur monolithisme, donneraient encore la solution d'un problème dont l'importance s'étend à la société tout entière ; il donnerait enfin le moyen de faire des silos complétement propres à la conservation durable de toutes les céréales, et même des vins et des huiles ; application dont les conséquences sociales, pour la salubrité, le bien-être des populations, la sûreté de l'État, dépassent par leur importance les conditions d'une simple réforme dans l'art de construire. Il n'y a pas lieu de s'étendre sur ce sujet ; il suffit de l'indiquer et de dire que des silos en béton aggloméré ne coûteraient pas un franc pour la capacité d'un hectolitre, tandis que, par les seuls moyens préconisés jusqu'à ce jour, ils coûteraint au moins quatre à cinq fois plus cher.

Les habitants des villes trouveraient dans l'emploi des bétons agglomérés des avantages non moins grands de salubrité, de bien-être et de moralité : maisons rendues incombustibles par la suppression des bois dans la construction des planchers et des toitures, où il serait remplacé par du béton; logements plus sains et à meilleur marché; fosses d'aisances, égouts sans fissures et sans joints, par conséquent sans fuites; dallage des rues et des cours ne permettant plus aucune infiltration; tubes à eau et à gaz, sans joints, sans pertes, par conséquent ne donnant plus lieu aux émanations sulfureuses empestées qui infectent les villes en y répandant incessamment des germes de mort ou de maladie : tels sont, entre bien d'autres avantages, ceux que pour les villes on peut attendre des bétons agglomérés

Que l'on joigne à tous ces avantages de sécurité, de salubrité, d'économie et de bien-être, et par conséquent de moralité, la possibilité de faire à très-peu de frais le bétonnage des routes et chaussées, les citernes et réservoirs, tubes et aqueducs, les ponts, ponceaux et viaducs, les digues et barrages, les travaux à la mer, les constructions économiques des chemins de fer d'après un système complétement nouveau, le tout à l'état monolithique, sans joints, sans fissures, et dans un état de dureté, de densité, d'imperméabilité, de résistance aux chocs, aux frottements, aux courants d'eau, à l'action dissolvante de l'eau de mer, et surtout aux gelées, on reconnaîtra que l'art de faire de la pierre avec du sable et de la chaux est une véritable conquête pour l'art de bâtir, et est appelé à rendre des services aussi nombreux qu'importants à la société.

De tout ce qui précède, il résulte, ainsi que nous le disions au début, que les lois de l'hydraulicité, si bien élucidées par M. Vicat, étaient insuffisantes pour expliquer théoriquement la prise initiale et la dureté finale que les mortiers et les bétons peuvent atteindre par l'emploi des procédés que nous préconisons, c'est-à-dire l'élimination de l'eau, le mélange et le broyage parfaits, l'agglomération énergique, et ensuite la dessiccation, la carbonatisation et l'incrustation, puisqu'elles laissaient en dehors les conditions nécessaires pour résister aux gelées, aux infiltrations, à l'action dissolvante de la mer, aux chocs, aux frottements, aux roulements des voitures.

Non-seulement au point de vue théorique, la connaissance de la loi de l'hydraulicité était impuissante pour expliquer tous les phénomènes, mais elle l'était plus encore au point de vue pratique, puisque les constructeurs, ingénieurs, architectes, tout en n'employant que la chaux de bonne qualité, et ayant les doses les plus exactes d'argile, tout en se conformant le plus possible aux conditions généralement adoptées, ont été réduits à renoncer à l'emploi des bétons, pour les constructions à l'air, à ne s'en servir que sous le sol, ou sous l'eau, et à n'oser bâtir à la mer qu'en se résignant à l'emploi onéreux de la seule chaux du Theil et aux ciments de Portland.

A plus forte raison devaient-ils renoncer à employer les bétons pour construire à l'état monolithique des aqueducs, des réservoirs, des habitations, des ponts, des digues ou tous autres travaux qui, bâtis en bétons ordinaires, ne sauraient résister aux infiltrations et aux gelées,

Tandis que, par les procédés que nous venons de décrire, sans contredire en rien la loi de l'hydraulicité, découverte par M. Vicat, mais bien au contraire en la complétant, on reconnaît que pour peu qu'une chaux soit hydraulique, qu'elle ait seulement cinq à six pour cent d'argile, ou bien pour peu qu'on y ajoute une infime proportion de ciment, on obtient une prise initiale, une dureté finale, dix fois, vingt fois, cent fois plus grande que par les procédés ordinaires, laquelle permettra aux maçonneries faites par ce procédé de résister à toutes les causes de destruction, bien mieux que ne sauraient faire les meilleures maçonneries de briques ou de pierres.

Malgré la brièveté du travail que nous osons présenter à l'Académie des sciences, brièveté trop grande pour un si vaste sujet, nous espérons avoir réussi à démontrer en quoi et la théorie et la pratique des bétons agglomérés se distinguent des théories acceptées et des procédés ordinaires, et pour justifier la qualification audacieuse que nous n'avons pas craint de donner à leur emploi : d'être la révolution dans l'art de construire.

En effet, n'est-ce point une révolution que de pouvoir à volonté, en tous temps, en tous lieux, avec toutes les chaux et tous les sables, faire de la pierre artificielle, beaucoup moins coûteuse que la pierre naturelle, et capable de résister à toutes les causes de destruction ?

N'est-ce pas une révolution que de pouvoir donner par le moulage, à cette pâte de pierre résultant d'un simple mélange de sable et de chaux, toutes les formes exigées par l'art ou par les circonstances ?

N'est-ce pas une révolution que de pouvoir, par des additions successives de béton aggloméré, ajouter le travail de chaque jour au travail de la veille, de telle manière que toute construction, quelle que soit sa masse, ne forme qu'un seul bloc, un véritable monolithe ?

N'est-ce pas une révolution que de pouvoir obtenir, à peu de frais, les travaux d'art les plus hardis à l'état monolithique, sans joints, sans fissures, sans retraits, et inaltérables aux injures du temps?

N'est-ce pas une révolution que d'obtenir des travaux d'hydraulique absolument imperméables et insensibles à toutes les causes de destruction?

N'est-ce pas une révolution que de pouvoir se servir de toutes les chaux et de tous les ciments pour les constructions à la mer?

N'est-ce pas une révolution que d'obtenir des duretés assez grandes pour permettre la confection des trottoirs et des chaussées?

N'est-ce pas, encore une fois, une révolution que de pouvoir, à si peu de frais, apporter aux populations, dans les villes comme dans les champs, la propreté, le bien-être, la moralité?

N'est-ce pas la révolution que de pouvoir, partout où se trouvent du sable et de la chaux, et sans ouvriers d'art, faire les constructions les plus hardies, puisqu'on obtient toujours à l'état monolithique une maçonnerie absolument homogène et équilibrée, aussi dure que la meilleure pierre naturelle, mais bien plus solide par le fait du monolithisme?

En face de tant de conséquences de si haute portée, ce mot de *révolution* n'a rien de présomptueux; et c'est dans cette conviction que nous avons osé appeler l'attention de l'Académie des sciences, soit au point de vue scientifique, puisque nous croyons avoir élucidé, démontré une théorie nouvelle, sinon un complément oublié à la théorie de M. Vical; soit au point de vue de notre candidature pour le prix Montyon, puisque nous avons la conviction que l'emploi du procédé que nous venons de décrire est de nature à rendre non-seulement les plus grands services à l'art de construire, mais bien plus encore à augmenter la sécurité, le bien-être, la salubrité, la moralité des populations.

L'importance des résultats que nous venons de signaler nous fera pardonner d'avoir appelé l'attention de l'Académie des sciences sur nos procédés, et d'avoir osé porter notre candidature au prix Montyon.

———